CHRISTIAN KLEPP

WUNDERWERK NATUR

Wie wir den Planeten bewahren und uns selbst retten

ERKENNEN / VERSTEHEN / HANDELN

GUTKiND

Die Erde flüstert von Zusammenhalt.
Die Steine erzählen von vergangenen Zeiten.
Die Landschaften wispern von Geborgenheit.
Die Lebewesen wissen um Gemeinschaft.
Die Natur offenbart sich dir.

— Tala Mohajeri

← **Elfenheimat.** Dieser bemooste Canyon im Hochland von Island ist mit seinen Wasserfällen und schroffen Felswänden wie aus einem Märchenbuch entsprungen. Seit dem Ende der Eiszeit entwässert ein Seitenarm der Vatnajökull-Eiskappe in diesen Canyon. Unter der bis zu 1000 Meter mächtigen Eiskappe liegen mit der Grímsvötn und dem Bárðarbunga zwei der aktivsten Vulkane Islands. Die hohe Luftfeuchtigkeit verwandelte diesen Canyon mit der Zeit in ein lebendiges Gemälde.

Für die Natur

Sie ist meine Heimat.
Je wilder und ursprünglicher sie ist,
desto wohler fühle ich mich in ihr.

— Dr. Christian Klepp

INHALT

11 Mein Weg der Erdverbundenheit

19 TEIL 1 – ERKENNEN
21 Wir sind die Erde
28 Der unwahrscheinliche Planet
39 Eine Oase des Lebens
45 Die Entwicklung des Lebens im Zeitraffer
50 Wie wir unsere Erde begreifen können
66 Eine wichtige unwissenschaftliche Stellschraube
69 Der Sturz aus der Symbiose
75 Mit Empathie aus der Apathie
82 Leugnen ist keine Alternative
89 Wie wir uns überwinden und aktiv werden
92 Wege in die Nachhaltigkeit
95 Die Weisheit der Indigenen

103 TEIL 2 – VERSTEHEN
105 Wie Verständnis uns zum Handeln bringen kann
110 Unser fehlendes Gespür für Kohlendioxid
123 Klimaungerechtigkeit und Generationenverantwortung
131 Ein Loch in der Ozonschicht
141 Dicke Luft und die Vielfalt der Wolken
146 Wetterkapriolen und Meeresspiegelanstieg
158 Der Klimawandel als Extremwetter-Verstärker
174 Die Polarregionen im Klimawandel
186 Gletscher im Treibhaus
201 Ozeane voller Plastikmüll

207 Das Artensterben
218 Die Symbiosen der Ökosysteme
225 Ein tiefer Eingriff in die Evolution
231 Invasive Arten und Menschen
235 Wie wir mit der Natur umgehen
243 Die ökologische Transformation
248 Die sechste Krise der Evolution
254 Naturschutz, aber richtig

261 **TEIL 3 – HANDELN**
263 Projekte der Hoffnung
266 Was Politik, Wirtschaft und Industrie tun müssen
271 Was wir alle tun können
275 Ein emotionales Resümee

276 *Danksagung*
278 *Literatur*
287 *Über den Autor*

MEIN WEG DER ERDVERBUNDENHEIT

Schau tief in die Natur,
und dann wirst du alles besser verstehen.

— Albert Einstein, Physiker

Unser Planet ist eine Oase des Lebens, der einzige uns bekannte Ort im Universum, an dem dies der Fall ist. Ich wurde mit einer tiefen Liebe zu unserer Erde geboren und habe mich der Natur schon immer näher verbunden gefühlt als der Hektik der Großstädte. Die Natur erdet mich, wenn ich Wind und Wetter hautnah erlebe und die Gegensätze von Hitze und Kälte spüre. Die Schroffheit und Lieblichkeit der Landschaften mit ihren Pflanzen und Tieren lehren mich tiefen Respekt und Dankbarkeit für mein Dasein. Je wilder und ursprünglicher die Landschaften um mich herum sind, desto wohler fühle ich mich. Viele Begegnungen mit wilden Tieren, darunter Eisbären, Pumas und Grizzlys, haben mich demütig gemacht und mir meinen wahren Platz im Gefüge der Lebewesen gezeigt. Denn ich bin es, der sich in ihrer Welt bewegt und nicht umgekehrt.

Eingefrorene Zeit. Der Fieschergletscher in der Schweiz ist der zweitlängste Gletscher der Alpen. Sein Nährgebiet liegt in 4000 Meter Höhe am Fiescherhorn und reicht bis an sein markantes kurvenreiches Zungenende in der Fiescherschlucht auf etwa 1700 Meter Höhe. Mit dem Klimawandel ist er, dem Schicksal aller weltweiten Gletscher folgend, beschleunigt am Abschmelzen. Er hat sich in die kontinentalen Granite und Gneise eingeschnitten, die im Vordergrund reich mit Landkartenflechten (Rhizocarpon geographicum) überzogen sind.

Bereits als Jugendlicher wurde ich Ende der 1980er-Jahre auf meinen Wanderungen in den Alpen mit dem Klimawandel konfrontiert. Die damals noch beeindruckenden Gletscher im österreichischen Nationalpark Hohe Tauern begannen, sich zurückzuziehen, jedes Jahr ein wenig mehr. Heute sind die meisten verschwunden. Ich halte den Gedanken kaum aus, dass allein wir es sind, die den rasanten Klimawandel verursacht haben und verantworten müssen.

Unendlich neugierig, wie unser Planet funktioniert, durfte ich als junger Meteorologiestudent 1993 an der ersten Winterexpedition mit dem Eisbrecher Polarstern des Alfred-Wegener-Instituts in die zentrale Arktis teilnehmen. Wir fuhren zwei Monate lang bei Temperaturen von bis zu -42 Grad Celsius ins damals noch ewige Eis. Dort erkannten wir, dass dieses Eis alles andere als ewig ist, da es bereits durch unsere Kohlendioxid-Emissionen immer dünner wurde und eine immer kleinere Fläche bedeckte. Seither schmilzt es noch schneller als vorhergesagt. Der tägliche Kontakt mit den Eisbären, denen buchstäblich die Lebensgrundlage unter den Tatzen wegschmilzt, und die Erhabenheit des zugefrorenen Ozeans in der klirrenden Kälte haben mein Leben für immer verändert.

So beschloss ich, mein Leben in den Dienst der Erde zu stellen, und wurde Geowissenschaftler und Landschaftsfotograf. Seit dieser Zeit treibt mich der Wunsch an, der Erde, ihrer Flora und Fauna eine Stimme zu verleihen und darauf aufmerksam zu machen, dass wir ihr zurückgeben müssen, was wir ihr zu Unrecht genommen haben. Bei meinen Aufenthalten in der Natur wurde mir klar: Um das Wunderwerk Natur in seiner Vielfalt und seinen wechselseitigen Beziehungen zu verstehen und nachhaltig und respektvoll mit der Erde umzugehen, müssen wir wissen, wie sie funktioniert, und unseren Platz im Gefüge der Natur wiederfinden. Das habe ich mir zur Lebensaufgabe gemacht.

Nach 25 spannenden Jahren in der internationalen Klimaforschung und vielen eigenen Expeditionen in die entlegensten Winkel der Erde hätte ich auch weiterhin Daten sammeln und auswerten können. Aus all diesen Daten entstehen die immens wichtigen wissenschaftlichen Grafiken, Karten und Analysen zum Klimawandel, der Naturzerstörung und dem Artensterben. Ich hätte weiterhin die Ergebnisse und Konsequenzen meiner Arbeit mit Fachkollegen diskutieren und in Fachzeitschriften veröffentlichen können, die wiederum nur von Wissenschaftlern gelesen werden.

An diesem Punkt meiner Karriere wurde mir allerdings klar, dass die bloße Anhäufung von immer mehr wissenschaftlichen Fakten, so immens wichtig sie für ein tiefes Verständnis unserer Erde und ihrer Ökosysteme sind, offensichtlich nicht ausreichen, um einen nachhaltigen Wandel in Politik, Industrie und Gesellschaft, national als auch international, zu bewirken. Denn wenn dem so wäre, dann hätten wir den Weg der Vernunft schon vor mindestens 30 Jahren eingeschlagen. Denn so lange wissen wir bereits, was mit immer höherer Geschwindigkeit auf uns zukommt. Dann hätten wir genügend Zeit gehabt, unseren Energie- und Wohlstandshunger klima- und ökosystemgerecht sowie nachhaltig umzubauen.

Wir haben diese Zeit nicht nur verstreichen lassen. Vielmehr haben wir trotz aller Warnungen der Wissenschaft in immer kürzerer Zeit immer mehr Natur auf unserem Planeten zerstört. Das stellt uns heute vor die übergroßen Probleme unserer multiplen und essenziellen Krisen und verkürzt die Zeit, die uns für den Umbau bleibt. Wir sind schneller denn je unterwegs, geben immer mehr Gas und debattieren heftig darüber, mit welchen Maßnahmen wir die Klimakrise wann bremsen sollten. Die Wahrheit ist, dass uns jetzt nur noch eine Vollbremsung mit quietschenden Reifen hilft und wir hoffen müssen, dass der Airbag beim harten Aufprall auslöst. Wir haben buchstäblich keine Zeit mehr. Unsere Handlungen müssen sofort, konsequent und umfassend erfolgen.

Wenn die harten und belastbaren Fakten der Wissenschaft immer noch nicht genügen, um einen nachhaltigen Wandel zu bewirken, fehlen offensichtlich wichtige Bestandteile für ein Umdenken der Weltgemeinschaft. Deshalb habe ich mich auf die Suche nach diesen fehlenden Bestandteilen gemacht.

Die Kernfrage ist, wie wir Wissensvermittlung in der Öffentlichkeit betreiben. Mit sachlich korrekten, aber völlig trockenen Zahlen, Grafiken und Tabellen lässt sich kaum jemand für unsere Erde begeistern. Mir wurde klar, dass auch ich meinen persönlichen Zugang und meine tiefe Liebe zur Erde nicht programmierend am Schreibtisch eines Forschungsinstituts erworben habe, sondern hautnah im Kontakt mit der Natur. Wissenschaftliche Fakten betrachte und analysiere ich mit großem Respekt und Ernst, aber zu Tränen gerührt haben sie mich nie. Auf meinen Forschungsreisen hingegen passiert mir das regelmäßig. Der unmittelbare Kontakt mit der Erde, die Bewunderung ihrer erhabenen Schönheit, der Atem eines Eisbären in der klirrenden Kälte, die schmelzenden Gletscher und die Auswirkungen des menschlichen Handelns auf die Natur – all das weckt in mir tiefe Emotionen: Empathie und Liebe einerseits, Trauer und Scham andererseits.

Was uns als Individuen gelingen kann, fehlt uns bisher als Menschheit: die emotionale Zuwendung zu unserer Erde, sie mit Begeisterung, Leidenschaft, Faszination, Respekt, aber auch Dankbarkeit, Verantwortung und Demut neu zu entdecken, mit einem Verständnis dafür, wie alles miteinander zusammenhängt, voneinander abhängt und sich gegenseitig beeinflusst. Das ist der Weg zurück in die Symbiose mit der Erde. Es ist der Weg aus der Sackgasse und hin zu unserem wahren Platz im Ökosystem Erde. Es ist meine tiefe Überzeugung, dass eine leidenschaftliche Sprache, die uns wissenschaftliche

Fakten verständlich macht und die Schönheit der Natur nahebringt, eine Sprache ist, die uns wieder verbindet und motiviert, die uns im wahrsten Sinne des Wortes erdet. Deshalb begleiten meine Landschaftsfotografien mit meinen intimen Momenten in der Natur dieses Buch.

Ich möchte Sie dafür begeistern, wie unglaublich schön unser Planet auch heute noch ist, abseits der Naturzerstörung. Ich möchte Mut und Tatkraft säen, um gemeinsam zur Lösung unserer Herausforderungen beizutragen. Dabei geht es mir vor allem um innere Einsicht und Achtsamkeit im Umgang mit der Natur. Erhobene Zeigefinger sind hier fehl am Platz. Es geht mir um ein neues Werteverständnis für unseren Planeten, aus dem heraus der Wunsch, zu helfen, wie von selbst, sozusagen von innen heraus, entsteht. Wer aus innerem Antrieb mithilft, die Wunden der Erde zu heilen, den kann nichts und niemand mehr aufhalten. Wir alle – Sie und ich – halten die Lösung aller Probleme, wie ich Ihnen im Laufe dieses Buches zeigen werde, buchstäblich in unseren Händen.

Es wäre mein größtes Glück, wenn dieses Saatkorn eines neuen Umgangs mit der Erde auf fruchtbaren Boden fallen und sich vermehren würde. Wenn Sie bereits dazu gehören, so reichen Sie dieses Saatkorn gerne weiter, vor allem auch an die, die es gar nicht haben möchten. Wir können der Spaltung der Gesellschaft aktiv entgegenwirken, indem wir wieder miteinander reden und einander zuhören. Jede und jeder Einzelne von uns macht einen Unterschied – wir sind alle Entscheidungsträger.

Mein erstes Buch *Wunderwerk Erde – Wie unser Planet funktioniert* endet genau dort, wo der Mensch anfängt, das Erdsystem und die Natur systematisch nach seinen Bedürfnissen und mit allen Konsequenzen umzugestalten und auszubeuten. Um die Auswirkungen unseres Handels zu verstehen und richtig einzuschätzen, ist eine systemische Betrachtung der Erde immens wichtig. Sie reicht vom festen Boden unter unseren Füßen bis hinab zum Erdkern, von der Sonne bis zum Mond, von der Atmosphäre bis in die Tiefen der Ozeane, und vom gesamten Spektrum des Lebens bis hin zu uns Menschen.

Angst, Pessimismus und Hoffnungslosigkeit sind schlechte Ratgeber. Vielmehr benötigen wir dringend einen positiven Ansatz, der uns aus der Antriebslosigkeit herausholt. Wenn die Erdsystemforschung eines erkannt hat, dann ist es die Tatsache, dass wir zu 100 Prozent von unserem intakten Planeten abhängen und stabile und gesunde Ökosysteme unsere Lebensgrundlage sind.

Um zu neuen Visionen einer nachhaltigen Welt zu gelangen, ist es nötig, alte Pfade und Gedankenmuster zu hinterfragen. Wie schon Albert Einstein richtig erkannt hat, lassen sich Probleme nicht mit der gleichen Denkweise lösen, mit der sie entstanden sind. So möchte ich mit diesem Buch eine Aufbruchsstimmung erzeugen und dazu anregen, dass wir uns neue Geschichten erzählen, da die alten Narrative, denen wir jahrzehntelang blind gefolgt sind, eine Sackgasse sind. Wir sind ein Bestandteil dieses Planeten und nicht seine Beherrscher und Besitzer.

Wir haben bereits seit Jahrzehnten kein wissenschaftliches Erkenntnisproblem mehr. Stattdessen sind wir konfrontiert mit einem ständigen Handlungsdefizit seitens der Politik, Industrie und Gesellschaft.

Welch ein Perspektivwechsel wäre es, wenn wir uns wieder in unsere Erde verlieben, sie als unser Zuhause, unser aller Heimat betrachten und empathisch mit ihren Lebewesen, einschließlich uns selbst, umgehen würden.

Ich habe dieses Buch in drei Teile gegliedert. Im ersten Teil »Erkennen« geht es darum, überhaupt erst einmal anzuerkennen und bewusst wahrzunehmen, wie sehr wir durch unser Handeln die Erde und die Ökosysteme im Expresstempo verändern und damit unsere eigene Lebensgrundlage zusammenbrechen lassen. Zu erkennen und zu akzeptieren, was wir anrichten, ist eine Grundvoraussetzung, um handlungsfähig zu werden.

Im zweiten Teil »Verstehen« steht der wissenschaftliche Erkenntnisstand der Erdsystemforschung im Vordergrund. Ich möchte die Faktenlage um die drei von uns Menschen verursachten essenziellen Krisen darlegen und aufzeigen, wie sie miteinander verknüpft sind: Klimawandel, Umweltzerstörung und Artensterben. Dabei versuche ich immer, den Blick auf die großen Zusammenhänge zu richten, und betrachte die Natur als Ganzes.

Der dritte Teil »Handeln« fasst Strategien und Lösungswege zusammen, die Sie bereits durch das Buch begleitet haben. Der Weg in eine nachhaltige Zukunft und ein Leben in Symbiose mit der Erde ist keine Utopie. Das umfasst die Maßnahmen, die wir als vernetzte Menschheit im globalen Dorf, aber auch – und das ist mir besonders wichtig – als Individuen benötigen. Aus einer langen Liste von Möglichkeiten können Sie – ganz persönlich nach Ihren Vorlieben, Interessen und Möglichkeiten – das auswählen, was Ihnen attraktiv erscheint, um in ein neues Zeitalter der Menschheit aufzubrechen.

Ich höre immer wieder, dass wir uns gegenüber unserer Erde wie ein verheerender Krankheitserreger verhalten. Um in diesem Bild zu bleiben: Wir haben die Wahl, wie wir mit dieser Diagnose umgehen. Sobald wir die Phase des Schocks, der Angst und Resignation überwunden haben, die Krankheit verstanden und Wege zur Heilung gefunden haben, können wir unseren Verstand einsetzen, um Wege aus der Krise zu finden. Wann krempeln wir endlich die Ärmel hoch und packen das Problem an?

Betrachten Sie dieses Buch als einen Beipackzettel für die Risiken und Nebenwirkungen im Umgang mit einem fragilen Planeten.

TEIL 1

ERKENNEN

19 — 101

← **Goldener Sand.** Der Sand der Dünen von Nambung in Westaustralien entstand nicht wie üblich aus der Verwitterung von Gesteinen und ist mit einem Alter von nur 10 000 Jahren geologisch jung. Er besteht aus fein gemahlenen Überresten von Muschel- und Schneckenschalen sowie Korallen und anderen kalkigen Organismen, die im warmen Wasser des angrenzenden Indischen Ozeans lebten. Der durch Wellenschlag zerkleinerte Sand wurde entlang der Strände mit dem beständig landeinwärts wehenden Wind zu einer Dünenlandschaft aufgehäuft. Im Sonnenuntergangslicht eines abziehenden Gewitters nimmt dieser tagsüber weiße Sand eine tiefgoldene Färbung an.

WIR SIND DIE ERDE

Je mehr wir unsere Aufmerksamkeit auf die Wunder und Realitäten des Universums um uns herum richten, desto weniger Lust werden wir auf Zerstörung haben.

— Rachel Carson, Meeresbiologin

Unsere Erde ist unser gemeinsames Zuhause, daher sollte es für eine intelligente Spezies wie uns Menschen selbstverständlich sein, nachhaltig, achtsam und wertschätzend mit ihr umzugehen. Im Alltag unserer hektischen und schnelllebigen Welt, in der wir uns durch Beton und Technik weitgehend vom Kontakt mit der Natur isoliert haben, fällt es uns zunehmend schwer, dies zu erkennen. Die Quintessenz ist, dass unser Fortschritt und Wohlstand mit der systematischen Zerstörung der Natur einhergehen. Diese für uns und alles Leben auf der Erde gefährliche Entwicklung muss so schnell wie möglich aufgehalten und umgekehrt werden.

Um diesen Weg einzuschlagen, möchte ich die gute Nachricht voranstellen: Wir sind ein Teil der Erde. Der Planet, sein Klima und alles Leben sind untrennbar miteinander verbunden. Diese Erkenntnis schlägt eine einzigartige Brücke zwischen den Ergebnissen der modernen Erdsystemforschung und dem intuitiven Wissen der Indigenen. Sie zeigt uns deutlich auf, wie eng unsere Erdverbundenheit tatsächlich ist und wie sehr wir sie kollektiv vergessen haben. Stattdessen wenden wir uns systematisch und wider besseres Wissen gegen unseren eigenen Planeten und seine Lebewesen – und damit gegen uns selbst.

Unsere Verbindung zur Erde hat weitreichende Wurzeln, die tief in den Weltraum reichen. Alle Materie, aus der die Erde und wir Lebewesen bestehen, ist in den Sternen entstanden. Wir sind im wahrsten Sinne des Wortes Sternenstaub.

Sterne, wie unsere Sonne, bestehen überwiegend aus Wasserstoff, der bei sehr hohen Temperaturen und bei hohem Druck im Inneren des Sterns zu Helium verschmilzt. Dieser Prozess erzeugt das Sonnenlicht, das unsere Welt erhellt und uns großzügig mit Wärme versorgt. Ruhig und stetig brennen die Sterne auf diese Weise, oft über Milliarden von Jahren. Am Ende ihres Lebens, genau dann, wenn sämtlicher verwertbarer Wasserstoff in Helium umgewandelt wurde, geschieht plötzlich alles schnell, und die Sterne verändern ihr Erscheinungsbild vollkommen. Die Temperatur und der Druck im Kern steigen stufenweise immer weiter an, sodass nach und nach immer schwerere Elemente entstehen, die sich wie Zwiebelschalen im Inneren des Sterns ablagern. Auf diese Weise entstehen sämtliche Elemente bis hin zum schweren Eisen. Eines davon ist der Kohlenstoff, das Strukturmolekül des Lebens, ein anderes der Sauerstoff, den wir atmen, aber auch Silizium, Aluminium und Magnesium, die Bausteine vieler Gesteine der Erde, und das Eisen in unserem Blut gehören dazu.

All diese Elemente, aus denen Sie und ich und die gesamte Erde bestehen, waren einst in längst vergangenen Sternen eingeschlossen. Sind solche Sterne erheblich größer und schwerer als unsere Sonne, verläuft ihr Lebensende spektakulär: Sobald der Prozess der Eisenbildung abgeschlossen ist, kommt die Fusion im Stern zum Erliegen. Damit ändert sich das dynamische Gleichgewicht, das sich ständig an alle Veränderungen anpasst, grundlegend. Der nach außen gerichtete Strahlungsdruck, der durch das Brennen der Elemente aufrechterhalten wurde, kommt zum Erliegen. Die Schwerkraft des Sterns gewinnt die Oberhand, und er kollabiert. Am Punkt seiner größten Verdichtung bewirken komplexe atomare Prozesse in seinem Innersten, dass sich die Implosion umkehrt. Der Stern wird in einer gigantischen Explosion zerrissen, eine Supernova leuchtet auf. Bei diesen kosmischen Katastrophen entstehen für kurze Zeit so hohe Temperaturen und so enormer Druck, dass in wenigen Augenblicken sämtliche schweren Elemente des Periodensystems jenseits des Eisens geboren werden. Zu diesen Elementen gehören auch Silber, Gold und Uran.

Durch diese Detonationen kosmischen Ausmaßes werden sämtliche im Stern entstandenen Elemente weit ins All verstreut. Mit der Zeit erkalten sie und werden zu Wolken aus Sternenstaub. Wir können sie sehen, wenn wir in den Nachthimmel blicken. Sie durchziehen das hell leuchtende Sternenband der Milchstraße wie eine Art dunkler Fluss und blockieren das dahinter liegende Sternenlicht. Deshalb nennt man sie Dunkelwolken.

Sie fragen sich vielleicht, was das mit unserer Existenz und der Erde zu tun hat. Die Antwort ist: nichts weniger als alles, denn wenn sich eine solche Wolke aus Sternenstaub verdichtet, verbinden sich immer mehr Elemente dieses Staubs zu Molekülen, und aus unzähligen Molekülverbänden entstehen die ersten Materieklumpen. Diese wiederum verdichten sich zu Gestein. Solche Regionen sind kosmische Kreißsäle, in denen neue Sterne mit ihren Planeten und Monden geboren werden. Dies geschieht ständig irgendwo im Universum, aber beim Blick in den Orionnebel im gleichnamigen Sternbild können wir die Geburt neuer Sterne und Planeten live miterleben. Es ist ein Blick in unsere eigene Existenz, denn genauso entstand vor 4600 Millionen Jahren unsere Sonne mit allen Planeten unseres Sonnensystems, einschließlich unserer Erde.

Wir sind lebendig gewordener Sternenstaub. In der Erde vereinigt sich die Materie von zwei bis drei Sternengenerationen.

← **Portal in die Unendlichkeit.** Am Mesa Arch der Canyonlands auf dem Colorado Plateau kann man den Sternenhimmel abseits der Lichtverschmutzung genießen. Der Bogen der nördlichen Milchstraße reicht vom W der Cassiopeia am linken Rand des Arch bis zum hellen Zentrum der Milchstraße in den Sternbildern Schütze und Skorpion, in denen die interstellaren Dunkelwolken besonders eindrucksvoll zu sehen sind. Solche Nächte, in denen es auch immer wieder zu Begegnungen mit Pumas kommt, machen mir eindrucksvoll meinen Platz im Gefüge des Erdsystems bewusst und zeigen mir, dass ich Sternenstaub bin.

Lassen Sie Ihre Gedanken kreisen, und stellen Sie sich vor, wo diese Sterne vor einigen Milliarden Jahren am Firmament gefunkelt haben mögen und wie sie aussahen. Sie verdanken ihnen Ihre Existenz, Sie bestehen aus ihnen.

Seit ich im Studium diese komplexen Zusammenhänge der Astrophysik, Atomphysik und Quantenmechanik kennengelernt habe, betrachte ich den Sternenhimmel, die Erde und mich selbst mit anderen Augen. Dieses Staunen ist aber erst der Anfang eines vollkommen neuen Werteverständnisses für unseren Planeten.

Wasserstoff ist besonders faszinierend, denn er ist das elementarste aller Elemente, weshalb es auch bedeutend älter ist. Wasserstoff entstand im Urknall vor 13,7 Milliarden Jahren, am Anbeginn von Raum und Zeit. Wir kennen ihn in einer anderen Substanz gebunden: Wasser. Der atomare Wasserstoff H, das Hydrogenium, verbindet sich gerne mit seinesgleichen zum molekularen Wasserstoff H_2. Dieses Urknallmolekül verbindet sich unter irdischen Bedingungen gerne mit atomarem Sauerstoff O, dem Oxygenium aus dem Sternenstaub. Was bei dieser innigen Verbindung der beiden Elemente entsteht, ist ein Molekül namens H_2O, und Wasser ist die Grundsubstanz des Lebens.

Wann immer wir Wasser trinken, ob pur oder als Kaffee, trinken wir buchstäblich von der Ewigkeit! Alle Bestandteile der Erde und des Lebens sind Milliarden von Jahren alt. Sie können also mit Fug und Recht behaupten, dass Sie selbst auch viele Milliarden Jahre alt sind. Außerdem werden sämtliche dieser Bausteine ständig recycelt und wiederverwendet. Etliche Atome in Ihnen waren bereits Bestandteil von Dinosauriern, Magma und Gesteinen. Vielleicht war es das Eisen in Ihrem Blut, das Kalzium in Ihren Knochen, der Stickstoff, den Sie einatmen, oder der Kohlenstoff, aus dem Sie aufgebaut sind. Auch wenn wir leben, gehören uns diese Bestandteile nicht. Sie kommen und gehen, ohne uns zu fragen. Wenn Sie die Vorstellung nicht mögen, dass wir alle eines Tages sterben werden, ist es vielleicht ein Trost, zu wissen, dass alle Elemente, aus denen Sie bestehen, wiederverwendet werden und schon vor Ihnen verwendet wurden. Auf diese Weise können wir so etwas wie eine ewige Existenz empfinden. Dieser Gedanke hat für mich großen Reiz, denn das ständige Recycling der Elemente auf atomarer Ebene gleicht einer kosmischen Reinkarnation. Nichts geht jemals verloren.

DER UNWAHRSCHEINLICHE PLANET

Wir brachen auf, um den Mond zu erkunden, aber tatsächlich entdeckten wir die Erde.

— Eugene Cernan, Kommandant der NASA, Apollo-17-Mission

Um an diesem unwahrscheinlichen Ort in den Tiefen des Alls langfristig Leben zu ermöglichen, mussten eine Fülle an fein aufeinander abgestimmten Ereignissen zusammenkommen.

Die Erde ist eingebettet in das Sonnensystem und damit offen für Vorgänge, die sich im Weltraum abspielen. Das beste Beispiel dafür ist unsere Sonne selbst, denn ohne ihr Licht und ihre Wärme gäbe es kein Leben auf der Erde. Dass wir weder zu viel noch zu wenig Wärme von der Sonne bekommen, liegt daran, dass sich die Erde im richtigen Abstand von der Sonne befindet. Man nennt dies die habitable Zone, also den Bereich, in dem Leben theoretisch möglich ist. Offen für Vorgänge im Weltraum zu sein, birgt aber auch erhebliche Risiken. Asteroiden und Kometen sind Überbleibsel der frühen Planetenbildung im Sonnensystem. Wenn sie miteinander kollidieren, werden sie zu kosmischen Irrläufern. Dabei können sie auf Bahnen geraten, die die Erdbahn kreuzen. Diese Objekte variieren in ihrer Größe erheblich und sind auch heute noch zahlreich im Sonnensystem vorhanden.

Was passiert, wenn ein Asteroid die Erdbahn kreuzt, mussten die Dinosaurier erleben, die infolge dieses Ereignisses ausstarben. Dass solche katastrophalen Ereignisse selten sind, verdanken wir ausgerechnet unserer Sonne und den großen gasförmigen Planeten Jupiter und Saturn. Durch ihre viel größere Masse ziehen sie die meisten dieser gefährlichen Irrläufer an und halten sie so von der Erde fern. Einen solchen bewegenden Moment durfte ich im Juli 1994 durch ein großes Teleskop live miterleben, als der vier Kilometer große Komet Shoemaker-Levi 9 in viele Einzelteile zerbrach und seine Trümmer auf dem Jupiter einschlugen. In den Anfangstagen der Erdbildung waren solche Objekte erheblich zahlreicher und vor allem größer als heute, sodass es häufiger zu Kollisionen mit der Erde kam.

Damals, vor mehr als 4500 Millionen Jahren, existierten im Sonnensystem noch mehr Planetenvorläufer, sogenannte Protoplaneten. Die größeren unter ihnen wuchsen durch Kollisionen auf Kosten der kleineren. So kollidierte auch die junge, noch kleinere Erde mit einem solchen Protoplaneten von der Größe des Mars. Wir haben ihn Theia genannt, und der Einschlag hat ihn völlig zerstört und die Erde vollständig aufgeschmolzen. Wenn wir heute irgendeinen Stein vom Boden aufheben, können wir nicht mehr sagen, welche Bestandteile zur ursprünglichen Erde gehörten oder ob sie von Theia stammen.

Bei dieser Kollision sank der schwere, metallische Kern von Theia in den Erdkern ab und verband sich mit ihm. Sein Gesteinsmantel verband sich ebenfalls mit der Erde, die dadurch auf ihren heutigen Umfang anwuchs. Große Mengen an Gesteinstrümmern gelangten in geschmolzener Form in die Umlaufbahn um die Erde und bildeten einen glühenden Ring aus geschmolzenem Gestein. Aus ihm ballte sich ein neuer Himmelskörper zusammen, der zu unserem Mond wurde. Diese gigantische Kollision verschob die Erdachse um etwa 23,5 Grad gegenüber der Senkrechten zur Ekliptik, der Umlaufbahn der Erde um die Sonne. Diese Neigung der Rotationsachse der Erde schwankt in etwa 40000 Jahren zwischen 20,8 und 24,5 Grad und wird durch die Wechselwirkung der Erde mit Jupiter, Saturn und Venus verursacht. Diese Neigung beschert uns die Jahreszeiten. Noch wichtiger ist die Anwesenheit des Mondes, denn er stabilisiert die Erdachse. Ohne ihn würde die Erde chaotisch taumeln, wodurch höheres Leben nicht möglich wäre.

Die Kollision fügte der jungen Erde so viel Masse und Hitze hinzu, dass der Erdkern aus Eisen seither im Innersten fest ist und eine äußere, flüssige Hülle besitzt. Dies erzeugt Bewegungsmuster des Materials im Kern, wodurch ein Magnetfeld entsteht. Dieses schützt uns seither vor der gefährlichen Partikelstrahlung der Sonne. Ausdruck des weit in den Weltraum reichenden Magnetfeldes ist der faszinierende Tanz der Polarlichter, sichtbarer Ausdruck dafür, dass es ohne Magnetfeld kein Leben auf der Erde gäbe

Das Magnetfeld bewirkt aber noch viel mehr, denn es verhindert, dass die harte Partikelstrahlung der Sonne unsere Atmosphäre abträgt. Dieses Schicksal ereilte den Mars, weil er nur halb so groß ist wie die Erde und dadurch im Inneren erkaltet ist. So wurde er zu einem lebensfeindlichen Ort. Das ist das Schicksal aller zu kleinen Himmelskörper.

Unsere Erde ist groß genug, um dauerhaft eine Atmosphäre an sich zu binden. Wie hauchdünn und fragil unsere lebensspendende Lufthülle ist, durfte ich an Bord des deutschen Forschungsflugzeugs Gulfstream G550 HALO (High Altitude

Silent Noise. Der faszinierende Tanz der Polarlichter spiegelt sind in den Wellen des Atlantiks an der Küste von Vik auf Island. Als Ausdruck des irdischen Magnetfelds entstehen diese atmosphärischen Leuchterscheinungen, wenn hochenergetische und elektrisch geladene Teilchen des Sonnenwinds mit dem Sauerstoff- und Stickstoffatomen der Erdatmosphäre kollidieren. Die Atome der Erdatmosphäre absorbieren diese Energie, woraufhin ihre Elektronen herausgeschlagen werden. Bei der anschließenden Rekombination emittieren sie höhenabhängig grünes und rotes Licht.

and Long Range Research Aircraft) des Deutschen Zentrums für Luft- und Raumfahrt (DLR) selbst erfahren. Ich leitete diese Forschungsmission zur Untersuchung winterlicher Tiefdruckgebiete über dem Nordatlantik mit Basis in Island. In 15 Kilometer Höhe, also weit oberhalb der typischen Flughöhe der zivilen Luftfahrt, wechselte der Himmel von einem beeindruckenden Tintenblau in das Nachtschwarz des Weltraums. Auch die Krümmung des Horizonts wurde deutlich sichtbar. Dieser Anblick war für mich so bewegend und ergreifend, dass mir unwillkürlich die Tränen über das Gesicht liefen. Es ist eine Sache, um die Fragilität unserer Atmosphäre zu wissen, und eine ganz andere, sie mit eigenen Augen zu sehen.

Astronauten und Kosmonauten wissen, wovon ich rede. Als die NASA-Astronauten der Apollo-8-Mission am 24. Dezember 1968 die Rückseite des Mondes erkundeten, bot sich ihnen ein unerwarteter Anblick, der ihr Weltbild für immer verändern sollte. Sie sahen die aufgehende Erde, eine strahlend blau-weiße Kugel, umgeben vom tiefen Schwarz des Weltalls. Das Bild, das sie mit nach Hause brachten, wurde Earthrise genannt. Zusammen mit dem Bild der gesamten Erde, Blue Marble, das am 7. Dezember 1972 während der Apollo-17-Mission aufgenommen wurde, gehören diese Aufnahmen zu den bedeutendsten, die der Mensch je gesehen hat: der Blick von außen auf unsere Erde.

Das Wissen um die Fragilität unseres Planeten und die Verletzlichkeit seiner Bewohner eint Astronauten und Kosmonauten aller Länder und Kulturen und macht sie zu glühenden Erdbotschaftern. Diese weltbewegenden Aufnahmen sind inzwischen 52 bzw. 56 Jahre alt. Ein Umdenken der Menschheit haben sie nicht bewirkt. Nicht einmal die von uns frei erfundenen und für manche von uns so wichtigen Landesgrenzen sind aus dem All zu erkennen. Die einzigen Grenzen, die die Erde kennt, sind die der tektonischen Platten. Würden wir unsere

Grenzen nach ihnen ausrichten, gehörte das Matterhorn zu Afrika und der Osten Sibiriens zu Amerika. Die westlichen Küstenstaaten der USA und Kanadas, einschließlich Teilen Alaskas, wären eigenständige Länder. Diese Landmassen sind alle durch die Drift der tektonischen Platten aus dem Pazifikraum am amerikanischen Kontinent angelandet und mit ihm verschmolzen. Einst waren sie Kontinentsplitter wie das heutige Madagaskar oder eigenständige vulkanische Inseln wie das heutige Island.

Wie wir gesehen haben, umrundet die Erde ihr Zentralgestirn in einer so fein austarierten Entfernung, dass es auf der Erde im Mittel weder zu kalt noch zu warm wird, sodass sich das Leben dauerhaft etablieren konnte. Zu dieser habitablen Zone gehören auch unsere Nachbarplaneten Venus und Mars, von denen wir wissen, dass sie kein Leben beherbergen können, weil es auf ihnen einerseits wegen ihrer dichten Atmosphäre viel zu heiß und andererseits wegen ihrer zu dünnen Atmosphäre viel zu kalt ist. Dies zeigt eindrucksvoll, dass es nicht ausreicht, die Sonne in der richtigen Entfernung zu umkreisen. Trotz ihres perfekten Abstands zur Sonne wäre sie eigentlich ein lebensfeindlicher, tiefgefrorener Eisklumpen mit einer globalen Mitteltemperatur von -18 Grad Celsius. Um dies zu verstehen, müssen wir einen Blick auf die Zusammensetzung unserer Atmosphäre werfen. Trockene Luft besteht zu 78 Prozent aus Stickstoff, den wir unverändert ein- und ausatmen, zu knapp 21 Prozent aus dem lebenswichtigen Sauerstoff und zu 1 Prozent aus dem Edelgas Argon. Das macht rechnerisch 100 Prozent der Erdatmosphäre aus und resultiert tatsächlich zu besagtem -18 Grad Celsius kalten Eisklumpen Erde. Das klingt zunächst paradox, denn wir alle wissen, dass es auf der Erde im Mittel wohlige +15 Grad Celsius warm ist. Diese lebensspendende, zusätzliche Wärme, in die sich der Planet hüllt, verdanken wir den Treibhausgasen, vor allem dem Wasserdampf

und dem Kohlendioxid. Da der Wasserdampfgehalt der Luft sehr stark von der Temperatur abhängt, wird die geringe Beimengung von Kohlendioxid zu einem Gas, das die Temperatur der Erdoberfläche wesentlich steuert. Mit nur 0,028 Prozent Anteil an der Luft ist Kohlendioxid der Hauptgrund für die lebensfreundlichen +15 Grad Celsius. Vereinfacht gesagt: Der Kohlendioxidgehalt der Atmosphäre ist der Thermostat der Erde. Mehr davon heizt die Erde auf, weniger davon kühlt sie ab.

Symphonie des Mondaufgangs. In der tiefen Dämmerung spiegelt sich das Mont-Blanc-Massiv in den französischen Alpen im Lac de Cheserys. Die massiven Granitkörper dieses Bergmassivs wurden vor 40 Millionen Jahren domartig herausgehoben. Die Verwitterung hat die kilometerdicke Gesteinsauflage abgetragen und die kristallinen Wurzeln der Alpen freigelegt. So gibt uns dieses Gebirge den Blick ins Innere einer erstarrten Magmakammer frei und gibt uns einen Eindruck, wie der Granit der Kontinente entstanden ist, auf dem wir trockenen Fußes leben.

So sorgt der natürliche Treibhauseffekt auch dafür, dass Wasser auf der Erde als unsichtbares Gas als Wasserdampf, als flüssiges Wasser und in fester Form als Schnee und Eis vorhanden ist. In der uns bekannten Form ist Leben nur auf einem Planeten mit aktivem Wasserkreislauf mit Verdunstung, Wolkenbildung und Regen möglich. Wir verdanken unsere Existenz dem natürlichen Treibhauseffekt.

In diesen fein austarierten natürlichen Treibhauseffekt einzugreifen, ist ein gefährliches Experiment. Die von uns Menschen durch die Verbrennung fossiler Energieträger zusätzlich in die Atmosphäre freigesetzten Mengen an CO_2 haben die globale Mitteltemperatur der Erde innerhalb von nur 170 Jahren um +1,2 Grad Celsius ansteigen lassen. Dass die Wissenschaft die Auswirkungen des CO_2-Gehaltes der Atmosphäre auf das gesamte Erdsystem aufgedeckt hat, gehört zu den großen Erfolgen der Wissenschaftsgeschichte. Das größte Problem dabei ist nicht einmal die absolute Menge unserer Emissionen, sondern die Geschwindigkeit, mit der wir sie in der Atmosphäre anreichern. Man könnte es auch umgangssprachlich formulieren: viel zu schnell und viel zu viel. Die Ökosysteme können sich an diese rasanten Veränderungen nicht mehr anpassen, zumal wir sie durch unsere Übernutzung zusätzlich belasten. Die Fauna und Flora der Ökosysteme verlieren buchstäblich über Nacht ihren gewohnten Lebensraum. Wer sich nicht schnell genug anpassen, ausweichen oder abwandern kann, stirbt aus.

Das Innere der Erde ist seit ihrer Entstehung glühend heiß. So leben wir auf einer unruhigen Erde, bei der die Plattenbewegungen der Erdkruste langsam, aber stetig das Angesicht der Erde verändern. Ständige Veränderung ist der Normalzustand auf der Erde. Allerdings vollzieht sich diese Veränderung mit einer erdtypischen Geschwindigkeit von wenigen Zentimetern pro Jahr. Ganze Kontinente brechen in Zeitlupe auseinander, Ozeanbecken öffnen sich, um nach etwa 190 Millionen Jahren als Tiefseeboden wieder ins Erdinnere abzutauchen, wo sie recycelt werden. So driften uralte Kontinente ruhelos umher und kollidieren in anderen Passformen wieder miteinander und türmen dadurch Gebirge auf, die durch Verwitterung wieder abgetragen werden. Ihr Abtragungsschutt gelangt fein gemahlen über Flüsse wieder auf die Ozeanböden, wo sie sich als Sedimente ablagern. Diese Prozesse, die Hunderte von Millionen Jahren dauern, setzen sich sogar dreidimensional ins Erdinnere fort. Das Gestein des Erdmantels ist zähplastisch und kriecht aufgrund von Dichteunterschieden wie Zahnpasta. Erst die Druckentlastung in geringer Tiefe ermöglicht die Speisung von Vulkanen mit flüssigem Magma, das als Lava an der Erdoberfläche austritt und an der kalten Erdoberfläche zu neuem Gestein erkaltet.

Dabei wird das geschmolzene Magma durch die Schwerkraft in seine chemischen Bestandteile getrennt. Auf diese Weise kann aus dem rein vulkanischen Ozeanboden, der aus Basalt besteht, mit viel Zeit und Recycling ein im Sonnensystem außergewöhnliches Gestein entstehen: Granit. Er ist leichter als der schwere Basalt der Ozeanböden und schwimmt deshalb auf der Erdkruste wie ein Eisberg im Wasser. Deshalb werden die einmal entstandenen Kontinente sehr alt, während die schweren Ozeanböden spätestens nach 190 Millionen Jahren wieder im Erdinneren recycelt werden. Ohne dieses pausenlose tektonische Recycling gäbe es keine Kontinente und damit keine Lebensgrundlage für Landbewohner. Mit anderen Worten: Ohne Plattentektonik wäre die Erde ein Wasserplanet, und es gäbe uns nicht.

EINE OASE DES LEBENS

Das Mindeste, was ich tun kann, ist, für diejenigen zu sprechen, die nicht für sich selbst sprechen können.

— Jane Goodall, Primatologin, Ethologin und Anthropologin

Bevor wir uns den Folgen des menschlichen Handelns auf die Ökosysteme der Erde zuwenden, möchte ich den langen Weg, den das Leben auf der Erde genommen hat, kurz und kompakt nachzeichnen. Es geht mir darum, ein Gefühl dafür zu bekommen, wie unfassbar lange die Evolution experimentieren musste, um ein so komplexes und vielfältiges Leben wie das heutige hervorzubringen.

Um zu den Ursprüngen des Lebens zu gelangen, reisen wir zu den Anfangstagen der jungen Erde zurück. Das Leben entstand zu einem nicht genau bekannten Zeitpunkt vor etwa 4100 Millionen Jahren, also nur etwa 450 Millionen Jahre nach der Entstehung der Erde. Damals schlugen zahlreiche Kometen und Asteroiden auf der Erde ein. Mit ihnen gelangte nicht nur viel Wasser auf die Erde, sondern auch wichtige Bausteine des Lebens, darunter Aminosäuren und Nukleinbasen.

Nicht von dieser Welt. Der Fly Geyser im Norden Nevadas vermittelt ein Bild davon, wie es auf der jungen Erde aussah, als das Leben entstand. Die roten und gelben Farben des Geysirs entstehen durch hitzeresistente Bakterien, die sich von Schwefel und Eisen im bis zu 90 Grad Celsius heißen Wasser ernähren. In den grünen Becken kühlt sich das Wasser auf 40 Grad Celsius ab und ernährt Fotosynthese treibende Cyanobakterien.

Letztere spielen eine entscheidende Rolle beim Aufbau der Ribonukleinsäure, der RNA, und der sich daraus entwickelnden Desoxyribonukleinsäure, der DNA. Dies deutet darauf hin, dass in den Weiten des Universums organische Verbindungen vorhanden sind, die für die Entstehung des Lebens wichtig sind. Ob diese extraterrestrischen Bausteine für die Entstehung des Lebens auf der Erde verantwortlich waren, wissen wir bislang nicht genau, aber lebensfreundliche Bedingungen waren auf der Erde bemerkenswert schnell vorhanden.

Als die frühe Erdatmosphäre unter 100 Grad Celsius abkühlte und der Wasserkreislauf erstmals in Gang gesetzt wurde, fiel der Regen in einer nicht endenden Sintflut vom Himmel und verdampfte sofort wieder auf der heißen Erdkruste. Das Klima auf der Erde glich einem Dampfbad. Mit der langsamen Abkühlung des heißen vulkanischen Bodens konnte sich erstes Wasser am Boden sammeln. Durch den anhaltenden Regen wurde der Planet mit der Zeit komplett von Wasser bedeckt. Es entstand ein weltumspannender, salziger Ozean aus braunem, modderigem Wasser. Die Salze stammten aus den Gesteinen, und die braune Farbe des Wassers entstand durch gelöstes Eisen, das den Vulkanschloten am Meeresgrund entströmt. Zu dieser Zeit lief auch die Plattentektonik erstmals an, und im Laufe der Zeit bildeten sich die ersten und noch kleinen Kontinente, an deren Rändern Vulkane ausbrachen und sich Geysire mit Thermalquellen bildeten, wie wir sie heute im Yellowstone, auf Island und in Neuseeland sehen können.

Diese Thermalbecken und Geysire sind die Wiege des Lebens. Bisher hatte man angenommen, dass die ozeanischen Pendants der Geysire, die schwarzen und weißen Raucher der Vulkane in der Tiefsee, der ideale Ort für die Entstehung des Lebens gewesen wären. Doch dort hätten sich die Bestandteile des frühen Lebens viel zu schnell im Ozeanwasser verdünnt. Um zum Leben zu erwachen, mussten sie dagegen lange Zeit miteinander in Kontakt bleiben, um sich in einer Art Ursuppe zu komplexen Strukturen zu verbinden. Im fast kochenden Thermalwasser bildeten sich ursprüngliche und hitzeresistente, sogenannte thermophile Bakterien. Sie ernähren sich von anorganischen Verbindungen aus Eisen, Schwefel und Wasserstoff. Diese Bakterien sind unsere Vorfahren und haben sich bis heute kaum verändert. Damit gehören sie zu den erfolgreichsten Spezies, die jemals den Planeten bevölkert haben, und das verdient unseren ganzen Respekt.

So sehr uns die heutigen Geysire und Thermalquellen ein Bild vom Anbeginn des Lebens vermitteln können, sind sie allesamt junge vulkanische Landschaften. Tatsächlich gibt es auf unserer Erde noch Gebiete, die so alt sind, dass sie aus der Zeit gefallen zu sein scheinen. Es handelt sich um über 3500 Millionen Jahre alte Areale der frühen Kleinstkontinente, die in all der Zeit nie wieder direkt von den umgestaltenden Kräften der Plattentektonik erfasst wurden. Sie wurden in der Zwischenzeit durch nicht deformierende Kollisionen in andere Kontinente eingegliedert. Das Besondere an ihnen ist, dass sie die Wiege des Lebens buchstäblich in sich tragen und bis ins kleinste Detail als mikroskopisch kleine Fossilien bewahrt haben. Eine solche Landschaft findet sich in den Schluchten von Karijini im Nordwesten Australiens. Hier entwickelte sich vor 3500 Millionen Jahren aus archaischen, hitzeresistenten Bakterien eine neue Gruppe von Bakterien mit einer ganz außergewöhnlichen Eigenschaft. Sie waren die ersten, die Fotosynthese betrieben. Damit bereiteten sie den Weg für alle Pflanzen und Tiere und die viel spätere Eroberung des Landes.

Die Fotosynthese ist eine bemerkenswerte Erfindung der Evolution. Mit ihr gelang es den Bakterien, wie heute allen Pflanzen und Algen, aus dem Sonnenlicht mithilfe des reichlich vorhandenen Wassers und Kohlendioxids sowie des lichtempfindlichen Farbstoffs Chlorophyll einen revolutionären Antrieb für das Leben zusammenzusetzen: Nahrung in Form des Traubenzuckers Glukose. Doch damit nicht genug, denn bei der Fotosynthese entsteht auch ein Abfallprodukt, das für alle Tiere lebenswichtig ist: der Sauerstoff, den wir atmen. Es ist also ein doppelter Geniestreich der Evolution, denn aus energiearmen Stoffen entsteht mittels der Sonnenenergie energiereiche Nahrung. Darüber hinaus schlägt die Fotosynthese eine Brücke zwischen der unbelebten anorganischen und der belebten organischen Welt.

Die Atmung aller Tiere und des Menschen kehrt die Fotosynthese buchstäblich um. Mit der Atmung nehmen wir den von den Pflanzen produzierten Sauerstoff und den Zucker aus der Nahrung auf. In unseren Zellkraftwerken, den Mitochondrien, verarbeiten wir Zucker und Sauerstoff in Energie. Als Abfallprodukte der Atmung entstehen Wasser und Kohlendioxid, die wiederum von den Pflanzen genutzt werden können.

Es ist ein geschlossener Kreislauf, in dem die Atmung der Pflanzen das Leben der Tiere ermöglicht und die Atmung der Tiere wieder von den Pflanzen genutzt wird. Und mehr noch, Pflanzen sind bei der Herstellung ihrer Stoffwechselprodukte autark von anderen Organismen, da sie zum Leben nur Wasser, Kohlendioxid, Nährstoffe aus dem Boden und Licht benötigen. Deshalb sind sie lange vor den Tieren entstanden. Gerade wegen dieser Unabhängigkeit nennt man sie autotroph oder auch Produzenten. Bei uns Tieren ist das anders, denn wir sind vollständig von der Energie abhängig, die die Pflanzen produzieren, und daher von Natur aus Konsumenten, also heterotroph. Dieses Prinzip ergibt eine echte Symbiose: An Land verbreiten die sich bewegenden Tiere oft die Samen der fest verwurzelten Pflanzen, und im Gegenzug ernähren die fest verwurzelten Pflanzen die sich bewegenden Tiere. In den Ozeanen ist diese Symbiose eher indirekt. Dort bilden mikroskopisch kleine, driftende Mikroalgen das Fotosynthese betreibende Phytoplankton. Diese Primärproduzenten der marinen Nahrungskette liefern auch den Sauerstoff für das tierische Leben im Meer. Die Nährstoffe, die die Meerestiere mit ihren Ausscheidungen abgeben, werden wiederum vom Phytoplankton verwendet und wirken wie Dünger.

Im australischen Karijini begann vor 3500 Millionen Jahren die Fotosynthese ihren Siegeszug und legte damit den Grundstein für unsere Existenz. Im damaligen Flachmeer entwickelten sich Fotosynthese-fähige Cyanobakterien und wuchsen in dem braunen, stark eisenhaltigen Ozeanwasser Schicht um Schicht zu knubbeligen Strukturen heran, die die ersten Riffe der Erde und damit die ersten echten Fossilien bildeten. Sie heißen Stromatolithe und sind ehemals lebende Steine. Indem sie Sauerstoff als Abfallprodukt der Fotosynthese in das Ozeanwasser abgaben, lösten sie eine Kettenreaktion aus. Der Sauerstoff verband sich sofort mit dem im Wasser gelösten Eisen und lagerte sich als Rost am Boden des Flachmeeres ab. Schicht um Schicht gelangte so das Eisen in die Sedimente, woraufhin das Ozeanwasser klar und durchsichtig wurde. Anschließend sammelte sich der Sauerstoff im Ozean an und entwich in die Atmosphäre. Freien Sauerstoff gab es bis dahin nicht. Der gesamte Sauerstoff, den wir heute einatmen, ist damit biogenen Ursprungs. Mit der Anreicherung in der Atmosphäre gelangte er auch in immer höhere Luftschichten. In Höhen über 25 Kilometern ist die ultraviolette Strahlung der Sonne so intensiv, dass die Sauerstoffmoleküle aufgespalten werden. Die einzelnen Sauerstoffatome verbinden sich sofort mit dem nächsten verfügbaren Sauerstoffmolekül, wodurch das Molekül O_3 entstand, besser bekannt als Ozon. Die Ozonschicht in der hohen Atmosphäre absorbiert seitdem den für Lebewesen besonders gefährlichen Teil der ultravioletten Strahlung. Der Sauerstoff in der Atmosphäre und die Ozonschicht sind also eine Folge des bakteriellen Lebens auf der

Erde. Ohne sie gäbe es keine Besiedelung des Landes, die vor 400 Millionen Jahren begann. Auch an der lebenswichtigen Ozonschicht hat sich der Mensch bereits intensiv vergriffen, worauf ich im zweiten Teil des Buches eingehen werde.

Das Leben hat sich eine lebenswerte Umwelt selbst mitgestaltet und sich im Laufe seiner jahrmilliardenlangen Geschichte optimal an die irdischen Bedingungen angepasst. Wenn Sie das nächste Mal Bakterien bekämpfen, denken Sie daran, was wir ihnen zu verdanken haben. Als Mikrobiom leben ständig 1000 Milliarden Bakterien in uns. Diese winzigen Gefährten übernehmen in uns lebenswichtige Körperfunktionen. So gesehen sind wir viel mehr Bakterium als Mensch. Das ist auch der Grund, warum wir mit Antibiotika sehr vorsichtig umgehen sollten, denn sie töten nicht nur die krank machenden Bakterien, sondern schwächen oder beseitigen auch all jene, die wir dringend benötigen. Bei zu häufiger Nutzung entsteht das Problem, dass Bakterien, die Resistenzen gegen Antibiotika entwickelt haben, den frei gewordenen Platz nutzen, um sich ungehindert in uns auszubreiten. Deshalb ist es immer gut, sich mit freundlich gesinnten Bakterien zu umgeben. Wenn alle Plätze mit ihnen besetzt sind, haben ihre gefährlichen Verwandten kaum eine Chance, sich auszubreiten. Intensives Kuscheln mit Hund oder Katze ist daher wesentlich gesünder als der häufige Einsatz von Desinfektionsmitteln. Man muss eben auch bei den Bakterien genau abwägen, wer Nützling und wer Schädling ist.

Es wird oft behauptet, dass Regenwälder wie der Amazonas-Urwald unsere grüne Lunge sind, die uns mit dem Sauerstoff versorgen, den wir zum Atmen brauchen. Tatsächlich tragen Wälder nur zu 20 bis 30 Prozent zum Sauerstoffgehalt der Atmosphäre bei. Die wahre grüne Lunge des Planeten ist blau und liegt in den Ozeanen. Es ist das Phytoplankton der Meere, das 70 bis 80 Prozent unseres Sauerstoffs produziert, was ein guter Grund dafür ist, sehr sorgsam mit den Ozeanen umzugehen.

DIE ENTWICKLUNG DES LEBENS IM ZEITRAFFER

> *Menschen entstanden als zufälliges Ergebnis Tausender miteinander verbundener Ereignisse, von denen jedes anders hätte verlaufen können und die Geschichte auf einen alternativen Weg hätte führen können.*
>
> — Stephen Jay Gould, Paläontologe und Evolutionsbiologe

Vielleicht werden Sie nicht gerne mit vielen Zahlen konfrontiert. Zahlen gelten oft als abstrakt, unverständlich und in ihrer Dimension schwer zu erfassen. Zahlen sind aber auch in der Lage, uns in ehrfürchtiges Staunen zu versetzen, eine Eigenschaft, die uns heute oft fehlt und die uns der Natur wieder näherbringen kann. Es geht mir nicht darum, dass Sie sich alle Zahlen merken, die Ihnen hier begegnen, sondern dass Sie ihre Dimensionen einmal auf sich wirken lassen. So kann uns bewusst werden, dass der Zeitraum, in dem wir als Spezies Mensch existieren, für unsere Erde kürzer ist als das Leben einer Eintagsfliege für uns.

So bestand das Leben seit seiner Entstehung gut 3600 Millionen Jahre lang ausschließlich aus verschiedenen Bakterienarten. Erst vor 500 Millionen Jahren, im Zeitalter des Kambriums, entwickelten sich die ersten Tiere auf dem Meeresboden. Zu ihnen gehörten die faszinierenden Trilobiten, eine Gruppe von Gliederfüßern mit dreiteiligem Körperbau. In dieser Zeit verzweigte sich der Stammbaum des Lebens sehr schnell, weshalb man auch von der kambrischen Explosion des Lebens spricht. Die heute noch lebenden Pfeilschwanzkrebse sind den ausgestorbenen Trilobiten am ähnlichsten. Sie sind faszinierende lebende Fossilien, deren Ursprünge, so wie auch die der Seesterne und Seeigel, vor etwa 490 Millionen Jahren im sogenannten Ordovizium liegen.

In dieser Zeit und im anschließenden Silur entwickelten sich die ersten Fische. Die ersten Moose und Farne besiedelten das bis dahin karge und leere Land. Die Entwicklung der Insekten, die ebenfalls zu den Gliederfüßern gehören, begann vor 385 Millionen Jahren im Zeitalter des Devons, als auch die ersten Fische an Land gingen. Aus ihnen entwickelten sich die Amphibien, die den Weg für die Vielfalt der Landwirbeltiere ebneten, darunter Reptilien, Vögel und Säugetiere. Der Aufstieg der legendären Dinosaurier begann vor etwa 230 Millionen Jahren und erstreckte sich über fast 170 Millionen Jahre mit den Erdzeitaltern Trias, Jura und Kreide. Ihre Erfolgsgeschichte wurde durch den verheerenden Einschlag eines Asteroiden jäh beendet. Vor 65 Millionen Jahren schlug er im Gebiet der heutigen mexikanischen Halbinsel Yucatán ein. Die frei gewordenen Nischen wurden von den bis dahin ein Schattendasein führenden Säugetieren besetzt, zu denen am Ende der bisherigen Evolution auch der Homo sapiens, der moderne Mensch, gehört. Wir haben die Bühne des Lebens vor etwa 300 000 Jahren betreten. Damit umspannt unsere Existenz 0,00007 Prozent der Lebensgeschichte des Planeten. Zahlen können augenöffnend sein, und das gilt sowohl für die ganz großen als auch für die winzig kleinen.

Sternstunde. Am Motukiekie Beach auf der Südinsel Neuseelands leben die bis zu 35 Zentimeter großen orangenen Seesterne der Art Stichaster australis. Ihr Stammbaum reicht 485 Millionen Jahre zurück ins Zeitalter des Ordoviziums, weswegen sie zu den lebenden Fossilien gehören. Diese Brandungspfeiler sind genauso alt und bildeten einst am Meeresgrund den Lebensraum der Ahnen dieser Seesterne.

Dieser stark verkürzte Blick auf die Evolutionsgeschichte des Lebens und die sich entwickelnde Taxonomie der Erdbewohner zeigt uns vor allem eines: Wir sind keineswegs die Krone der Schöpfung, für die wir uns so gerne halten, sondern nur das bislang jüngste Glied der Evolution. Wir sind eine Art unter etwa acht Millionen anderen, die derzeit diesen Planeten bevölkern.

Um zu überleben, müssen wir uns in das Netz dieser vielen einfügen und mit ihnen leben, nicht gegen sie. Mit unserer Entwicklungsspanne von 0,00007 Prozent der Geschichte des Lebens auf der Erde gleichen wir Kleinkindern, die jung und unerfahren einen Fehler nach dem anderen begehen. Wir haben in Rekordzeit besonders große Gehirne entwickelt, die uns glauben machen, wir könnten die Ahnenreihen der Evolutionsgeschichte abschütteln und uns über die alteingesessenen Bewohner der Erde erheben. Wie Kleinkinder müssen wir noch viel lernen, um ein verantwortungsvolles Leben auf diesem Planeten führen zu können. Bakterien gibt es seit 3600 Millionen Jahren, Quallen bevölkern den Planeten seit über 500 Millionen Jahren, Haie haben einen 420 Millionen Jahre alten Stammbaum, und Bäume gibt es seit 385 Millionen Jahren. Wenn Pflanzen- und Tiergruppen so erfolgreich sind, haben sie etwas Entscheidendes richtig gemacht: Sie haben ihren Platz im Ökosystem Erde eingenommen und verhalten sich in diesem Geflecht in Symbiose mit ihrer Umwelt. Von ihnen müssen wir lernen, um langfristig erfolgreich zu sein. Unsere Gehirne haben sich so schnell entwickelt, dass die damit einhergehende Verantwortung nicht Schritt gehalten hat. Es liegt an uns, so achtsam zu sein, dass unsere Fehler nicht unsere eigene Existenz und die vieler Pflanzen und Tiere beenden.

Wenn wir uns sämtliche Ereignisse vergegenwärtigen, die zur Entstehung des Planeten Erde und zu den komplexen Lebensformen und vernetzten Ökosystemen geführt haben, ist es nicht verwunderlich, dass sich die Menschen fragen, ob dies alles Zufall sein kann oder ob dahinter nicht doch ein schöpferischer Akt zu vermuten ist.

Durch das angesammelte Wissen der Erdsystemwissenschaften wird aber vor allem deutlich, dass sich unser klimatischer und ökologischer Schuldenberg gegenüber der Natur zu einem himmelhohen Gebirge aufgetürmt hat, der zutiefst das Prinzip der Reziprozität verletzt, das nur funktioniert, wenn das, was wir nehmen, im Gleichgewicht mit dem steht, was wir zurückgeben.

Wir sägen an dem Ast, auf dem wir alle sitzen. Dieser ist bereits angeknackst und biegt sich bedenklich nach unten. Anstatt unser Wissen über die Erde und ihren akuten Zustand anzuerkennen und mit Tatendrang Abhilfe zu schaffen, diskutieren und debattieren wir lieber weiter, ob und wann wir was tun sollten. Es ist unsere Verantwortung, unsere Intelligenz und unser angesammeltes Wissen jetzt schnell und konsequent umzusetzen, um den Problemen unserer Zeit entschieden entgegenzuwirken. Es ist höchste Zeit, dass wir der Erde nicht mehr nehmen, als im gleichen Zeitraum nachwachsen und sich regenerieren kann. Wir alle wissen, was mit unserem Bankkonto passiert, wenn wir dauerhaft mehr ausgeben, als wir einnehmen.

Wir Wissenden sollten handeln und nicht darauf warten, dass entscheidungsschwache Politiker es vielleicht tun. Deshalb ist es so wichtig, Bewegungen wie Fridays-for-Future und Demonstrationen für eine starke Demokratie zu unterstützen. Denn die bisherigen zaghaften Erfolge in der Klima- und Biodiversitätspolitik wurden allesamt von Demokratien erreicht.

WIE WIR UNSERE ERDE BEGREIFEN KÖNNEN

> *Um an einem Ort heimisch zu sein,*
> *müssen wir seine Sprache erlernen.*
>
> — ROBIN WALL KIMMERER, ÖKOLOGIN

Dass wir uns so schwertun, aus den wissenschaftlichen Erkenntnissen die richtigen Handlungsweisen für uns als Individuen und für unser Zusammenleben in der globalen Weltgemeinschaft abzuleiten, hat zahlreiche Gründe. Einerseits ist es unser egoistischer Wesenszug, und andererseits ist es das Streben nach Wohlstand und Macht. Unser Narrativ vom unabdingbaren Wirtschaftswachstum geht auf Kosten der Natur und steht damit im Widerspruch zur Funktionsweise unseres Planeten. Deshalb ist es so wichtig, die grundlegenden Steuerungsmechanismen der Erde genauer zu betrachten, um zu verstehen, warum und an welchen Stellen unser Verhalten aus dem Ruder läuft und weshalb wir uns damit unserer eigenen Lebensgrundlage berauben.

Die Erde agiert in drei großen und übergeordneten Regelmechanismen, die sowohl das Erdsystem und die Ökosysteme steuern als auch den permanenten, natürlichen Wandel so fein ausbalancieren, dass Leben bisher dauerhaft möglich war. Alle drei Regelmechanismen liegen jedoch weit außerhalb unserer Wahrnehmung und Erfahrung. Sie sind: Zeit, Gleichgewichte und Kreisläufe. Das Verständnis für unsere Erde und die Natur lässt sich mit den Worten der Ökologin Robin Wall Kimmerer zusammenfassen: »Um an einem Ort heimisch zu sein, müssen wir seine Sprache erlernen.«

Die Sprache der Erde umfasst Zeiträume von Millisekunden bis Jahrmilliarden, reicht vom Sandkorn bis zu den Sternen, erzählt von globalen Netzwerken der Ökosysteme, in denen jedes Bakterium eine wichtige Rolle spielt und das Ganze mehr ist als die Summe seiner Einzelteile. Die Sprache der Gesteine erzählt von Klimaschwankungen in der tiefen Vergangenheit der Erde, die den gesamten Planeten in einen Eisschrank und dann in eine Sauna verwandelten. Sie sagen uns auch, dass dies nicht mehr geschehen ist, seit es höheres Leben auf der Erde gibt. Angesichts solcher Zeitdimensionen und Ereignisse könnte man sich fragen, ob unsere kurze Existenz im Erdsystem überhaupt eine Rolle für das Klima und das Leben spielen kann. Dies ist jedoch weit gefehlt, denn die Erde lehrt uns auch, dass alles wichtig ist, dass nichts verloren geht und dass alles einen Einfluss hat. Sie lehrt uns, dass Zeit, Kreisläufe und Gleichgewichte kontinuierliche Prozesse sind, dass sie also unabhängig von der Dauer eines Zyklus ständig aktiv sind und dass jeder Eingriff vom System Erde bemerkt wird und deshalb nicht ohne Folgen bleiben kann.

Wir Menschen haben eine vollkommen andere Vorstellung von Zeit als unsere Erde. Wenn wir Glück haben und gesund bleiben, werden wir 100 Jahre alt und können auf ein langes und ereignisreiches Leben zurückblicken. Unsere Alltagswelt hat sich in diesem Zeitraum im Expresstempo grundlegend verändert. Vor 100 Jahren waren Autos klassische Oldtimer, Eisenbahnen rauchende Dampflokomotiven mit Kohleantrieb und Flugzeuge Doppeldecker, die bestenfalls 700 Kilometer weit flogen. Wer Fernreisen machen wollte, bestieg einen Zeppelin oder ein Schiff. Die ersten Rundfunksender gingen auf Sendung, und in den Kinos liefen Stummfilme in Schwarz-Weiß. Im Jahr 1971 wurde die erste E-Mail verschickt, und in den 1990er-Jahren wurde das Internet populär. Ich erinnere mich noch gut daran, wie ich staunend meine ersten Gehversuche im Internet machte und meine Diplomarbeit auf einem kreischenden Nadeldrucker zu Papier brachte. Die ersten Mobiltelefone sahen aus wie Ziegelsteine mit einer 50 Zentimeter langen Antenne. Das alles erscheint uns heute wie aus einer vorsintflutlichen Ära, die Äonen zurückliegt. Dabei begann die moderne Industrialisierung unserer Welt erst um 1850, zunächst in England, dann in Europa, Nordamerika und schließlich weltweit. Damals lebten etwas mehr als eine Milliarde Menschen auf der Erde. In diesen 170 Jahren haben wir unseren Planeten in besorgniserregendem Ausmaß verändert und bevölkern ihn heute mit mehr als acht Milliarden Menschen, die nach immer mehr Wohlstand streben. Doch immer höhere Wachstumsraten der Wirtschaft führen zu einer immer schnelleren Zerstörung unserer Umwelt.

Mit welchem Zeitverständnis nimmt die Erde unser Handeln wahr? Diese 170 Jahre seit der industriellen Revolution sind für das Erdsystem schlicht nicht wahrnehmbar. Unser Handeln auf diesem Planeten ist für die Erde und ihre Ökosysteme abrupt und spontan. Ökosysteme können sich nicht an dieses Ausmaß und diese Geschwindigkeit der Veränderung anpassen. Ihre natürliche Reaktion ist das Aussterben, und genau das geschieht derzeit in erschreckendem Tempo und globalem Ausmaß. Dass wir dies nicht bemerken, liegt wiederum an unserer verzerrten Wahrnehmung von Zeit und unserer Isolierung von der Natur in unseren Städten.

Die Diskrepanz unserer Zeitwahrnehmung bemerken wir zunehmend selbst, und zwar mitten in unseren Gesellschaften. Das Hamsterrad unserer Narrative wird von uns selbst immer weiter beschleunigt. Eine Konsequenz daraus ist, dass immer mehr Menschen mit Burn-out reagieren, weil sie dem Stress nicht mehr standhalten. Wir sehnen uns nach Ruhe und geben doch immer weiter Gas. Was bei diesem Paradoxon unseres Lebensstils auf der Strecke bleibt, ist Besonnenheit und Achtsamkeit – im Umgang mit uns selbst, den Menschen untereinander, der Natur und der Erde.

Wenn wir der Natur nicht die Zeit geben, die sie braucht, um sich zu regenerieren und anzupassen, setzen wir sie einem Stress aus, dem sie nicht gewachsen sein kann.

Der zweite Regelmechanismus der Erde besteht aus Kreisläufen. Auch hier hilft zum Verständnis ein Beispiel aus unserem täglichen Leben. Wir haben Hunger und Durst, also essen und trinken wir. Das liefert uns die Energie, die wir brauchen, um aktiv und gesund zu bleiben. Was der Körper nicht braucht, scheidet er aus. Für andere Lebewesen ist es Nahrung oder Dünger. Es ist ein geschlossener Kreislauf. Wenn wir ihn stören, indem wir systematisch zu wenig essen oder trinken, werden wir krank. Wenn wir ihn unterbrechen, sterben wir. Warum sollte es mit den Ökosystemen der Erde anders sein? Wie sollen sich Fische vermehren, wenn wir sie schneller fangen, als sie sich reproduzieren können?

Im Erdsystem geht nichts verloren. Das heißt, alles wird pausenlos und zu 100 Prozent wiederverwendet. Sehr anschauliche Beispiele sind der Wasserkreislauf, der Kohlenstoffkreislauf, der Nährstoffkreislauf und der Gesteinskreislauf. Sie alle sind eng miteinander verzahnt und beeinflussen sich gegenseitig. Da dies in den einzelnen Kreisläufen mit unterschiedlicher Geschwindigkeit geschieht, ist das Netzwerk der Ökosysteme komplex und anfällig für zu große und vor allem zu schnelle Störungen.

Beim Wasserkreislauf verdunstet Salzwasser aus den Ozeanen als Süßwasser in die Atmosphäre und kondensiert dort zu Wolken. Sie regnen 80 Prozent des verdunsteten Wassers wieder über den Ozeanen ab, 20 Prozent kommen den Landoberflächen zugute. Flüsse transportieren das Wasser

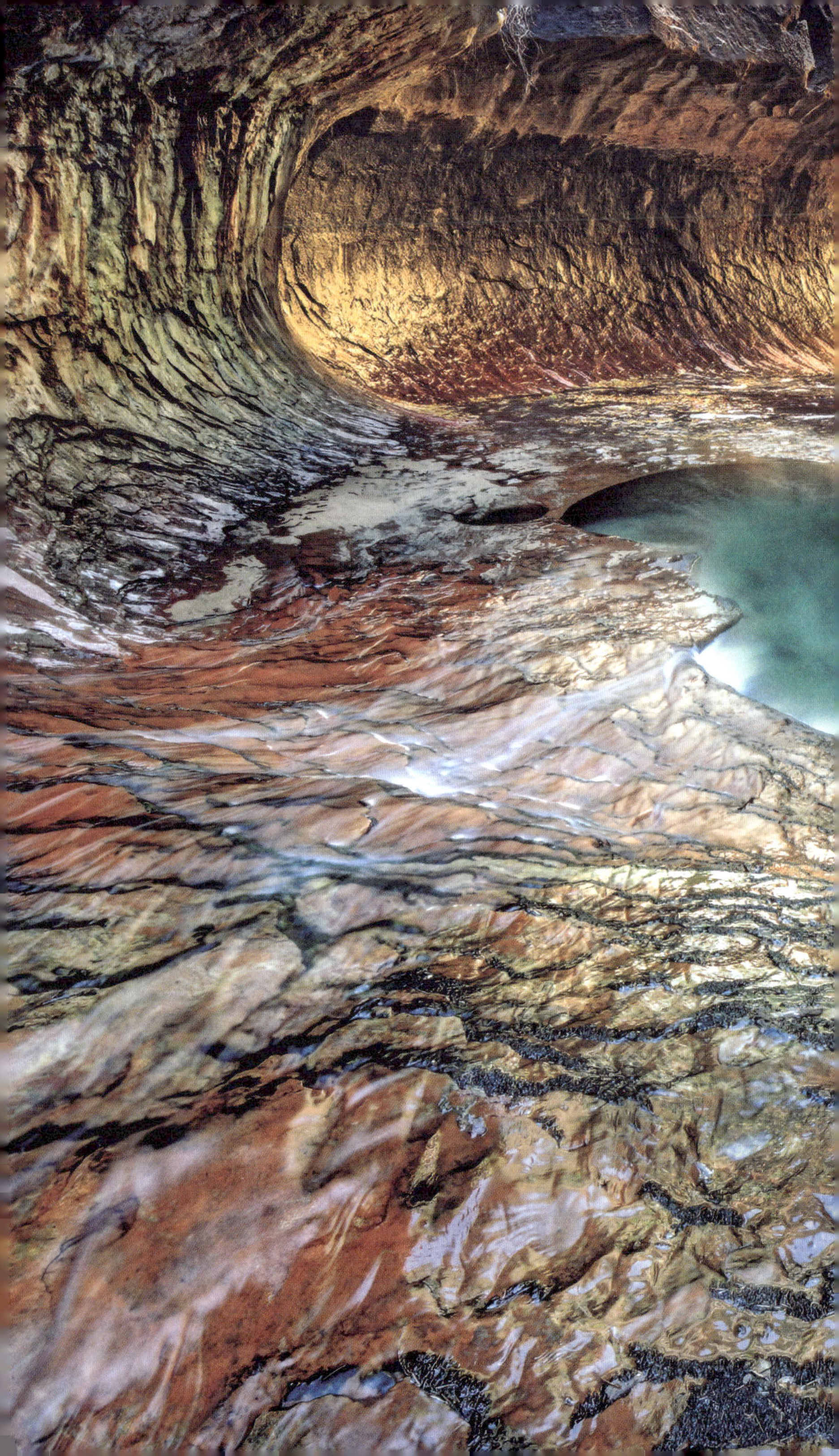

← **Die Reise der Elemente.** Der Subway Canyon in Utah ist ein einzigartiger Slot-Canyon im North Creek, ein Nebenfluss des Virgin River, der durch Zion fließt. Er hat sich tief in den Navajo-Sandstein eingeschnitten, der sich hier zur Zeit der Saurier vor mehr als 190 Millionen Jahren als Dünensand abgelagert hat. In diesen Gesteinen sind zahlreiche Fußspuren der Dinosaurier erhalten. Das Recycling der Elemente ist hier verbildlicht im ewigen Wandel von Licht, Wasser, Luft und Gestein.

wieder in die Meere, und nur ein Teil wird kurz- bis mittelfristig in Schnee, Eis, Seen und Grundwasser gebunden. Dieser atmosphärische Wasserkreislauf ist schnell und schließt sich über den Ozeanen bereits innerhalb einer Woche, über Land mit Verzögerung durch die Transporte. Ohne Regen gäbe es kein Leben auf dem Festland.

Es gibt aber auch einen erdinternen Wasserkreislauf, der sich erst nach 1500 Millionen Jahren schließt und der eng mit dem Gesteinskreislauf verzahnt ist. Wenn Tiefseeböden ins Erdinnere abtauchen und aufschmelzen, nehmen sie das im Gestein chemisch gebundene Ozeanwasser mit in die Tiefe. Ein Großteil davon gelangt über Vulkane wieder in die Atmosphäre, ein Teil des Wassers gelangt aber auch bis in 2900 Kilometer Tiefe an die Grenze des Erdkerns. Mit den Umwälzströmungen des Gesteins im Erdinneren gelangt dieses chemisch gebundene Wasser wieder in die Nähe der Oberfläche, wo es von Vulkanen als fossiles Wasser wieder freigesetzt wird. Diesen Kreislauf im Erdinneren hat alles Wasser schon dreimal durchlaufen. Denken Sie beim nächsten Kaffee daran.

Der natürliche Kohlenstoffkreislauf hat wie der Wasserkreislauf kurze und lange Zyklen. Sein kurzer Weg verläuft über den jährlichen Wachstumszyklus der Pflanzen im Ozean und an Land. Was die Pflanzen während ihrer Wachstumsphase an Kohlenstoff binden, wird wieder freigesetzt, wenn sie von anderen Lebewesen als Nahrung genutzt werden oder ihr Material unter Luftzufuhr zu Boden wird. Dieser Kreislauf ist ein in sich geschlossenes jährliches Nullsummenspiel. Im langfristigen Kohlenstoffkreislauf gelangt Kohlendioxid hauptsächlich über Vulkane in die Atmosphäre. Es wird unter anderem mit dem Regenwasser des Wasserkreislaufs als Kohlensäure aus der Atmosphäre ausgewaschen. Dadurch kann das Regenwasser über sehr lange Zeiträume Gestein auflösen. Diese Verwitterungsprodukte gelangen schließlich mit dem Kohlenstoff über die Flüsse in die Meere, wo sie sich als Sedimente ablagern. Hier greift der Kohlenstoffkreislauf wieder in den Gesteinskreislauf ein. Einige dieser kohlenstoffhaltigen Sedimente, vor allem aber das auf den Meeresboden abgesunkene Phytoplankton, bilden vor allem in den Flachmeeren Erdöl- und Erdgaslagerstätten im Sediment. Ihr Pendant an Land sind Kohlelagerstätten. In ihnen ist der »fossile Sonnenschein« der einstigen Pflanzen gespeichert. Diese Prozesse entziehen der Atmosphäre Kohlenstoff für mindestens 190 Millionen Jahre. Mit dem Abtauchen und Recycling der Ozeanplatten gelangt der Kohlenstoff ins Erdinnere, wo er dem Weg des tiefen Wasserkreislaufs folgt. Schließlich gelangt auch dieser Kohlenstoff im sich schließenden Kreislauf der Gesteine über die Ausgasungen der Vulkane wieder in die Atmosphäre.

All diese Kreisläufe sind wiederum eng mit dem Nährstoffkreislauf gekoppelt, der nicht nur im Jahresverlauf, sondern weit darüber hinaus organisches und anorganisches Material als Nährstoffe recycelt und der Biosphäre immer wieder neu zur Verfügung stellt. Neben den Kohlenstoffverbindungen sind dies vor allem Stickstoff, Phosphor, Schwefel und natürlich Wasser. Hier vereinen sich die Erdsystemkomponenten Biosphäre und Atmosphäre mit den Wasserwelten der Hydrosphäre sowie den Gesteinen und Böden der Lithosphäre.

Wenn alles im Erdsystem vollständig recycelt und immer wieder verwendet wird, stellt sich die Frage, warum wir das nicht auch tun. In unserer Wegwerfgesellschaft scheint es stattdessen vollkommen normal zu sein, dass wir auf der Suche nach wertvollen Rohstoffen immer tiefer in der Erde graben. Wenn wir etwas nicht mehr brauchen, werfen wir es einfach weg. Der Grund dafür ist oft nicht einmal, dass es kaputt ist, sondern, dass es einfach etwas Neues gibt, das das Veraltete ersetzen kann. Welche Geräte können heute noch repariert werden? Entsprechend gehen wir mit der Natur um: Wälder sind reine Holzlieferanten, Landtiere sind Fleischproduzenten, die Meere werden leer gefischt und anorganische Rohstoffe ohne Rücksicht auf Verluste ausgebeutet. Unendliches Wachstum ist auf einem Planeten mit endlichen Ressourcen nicht möglich. Unsere Erde ist zwar reich an allem, was wir brauchen, aber sie entzieht diese Materialien unserem Zugriff in den Tiefen des Planeten. Grundsätzlich steht aber immer genau die Menge an Rohstoffen zur Verfügung, die maßvolle und achtsame Bewohner für ein gutes Leben in Symbiose mit der Natur benötigen. Wer dagegen permanent über seine Verhältnisse lebt, verstößt gegen die Spielregeln des Planeten.

Deshalb brauchen wir dringend eine Kreislaufwirtschaft, in der alles, was wir aus der Natur beziehen, vollständig wiederverwendet wird. Der Planet Erde zeigt uns eindrucksvoll, wie das gehen kann. Sogar die Luft, die wir atmen, wird ständig recycelt, und so befinden sich in jedem Atemzug, den wir nehmen, Moleküle, die bereits ein Dinosaurier eingeatmet hat.

Der dritte Steuerungsmechanismus des Erdsystems sind Gleichgewichte. Auch hier beginnen wir mit einem Beispiel des Alltags: Solange wir mit beiden Beinen fest im Leben stehen, kann uns nichts so leicht aus der Bahn werfen. Nun stellen Sie sich einmal auf ein Bein und warten geduldig ab, was passiert. Die Antwort wird nicht lange auf sich warten lassen. Sie verlieren die Balance und fallen um. Ihr Gleichgewicht wurde gestört, und sie sind buchstäblich über einen

Kipppunkt gestolpert: Wenn man ein Gleichgewicht aus dem Gleichgewicht bringt, stellt sich ein neues Gleichgewicht ein.

Alles auf der Erde befindet sich in solchen dynamischen Gleichgewichten. Oft nehmen wir diese Dynamik aber nicht wahr, weil sie sehr langsam erfolgt. Anders als der Wind. Wenn sich die Temperatur in der Atmosphäre ändert, ändert sich auch der Luftdruck an der Erdoberfläche. Höherer Druck bedeutet nichts anderes, als dass mehr Luft als anderswo vorhanden ist, ähnlich dem höheren Druck in den Ozeanen, der durch die Veränderung des Meeresspiegels im Tagesverlauf der Gezeiten entsteht. Luft und Wasser fließen als Ausgleich auf diese Veränderungen von höherem zu niedrigerem Druck. Wir nehmen dies als Wind- oder Wasserströmung wahr.

Auf ähnliche Weise entstehen Eiszeiten und Warmzeiten, wenn sich die Bahn der Erde um die Sonne geringfügig ändert. Dies setzt allerdings voraus, dass die Bedingungen auf der Erde dies zulassen. Zu ihnen gehören die Meeresströmungen und die Verteilung von Land und Meer, die wiederum von der Plattentektonik, also der Wärme im Erdinneren, gesteuert werden. Auch die Anzahl und Intensität von Vulkanausbrüchen, die langfristig den CO_2-Gehalt der Atmosphäre steuern, ändern sich in Zeiträumen von Hunderten von Millionen Jahren durch Gleichgewichtsanpassungen. Zerbrechen Großkontinente, ist ihre Aktivität sehr hoch und das Klima entsprechend warm. Sind die Kontinente dagegen wie heute weit über den Planeten verteilt, ist ihre Aktivität geringer und das Klima kühler. Auf all diese Gleichgewichtsveränderungen reagiert die Flora und Fauna mit Anpassungen über lange Zeiträume.

Dabei geht es nicht darum, wie warm oder kalt es heute ist oder in der Erdgeschichte bereits war. Es geht vielmehr darum, wie schnell sich das Klima der Erde ändert und ob die Ökosysteme diese Geschwindigkeit verkraften können. Das erschreckende Resultat der Erdsystemforschung zeigt,

← **Wenn der Zauber erwacht.** Die vulkanische Aktivität unseres Planeten wird uns auf Island immer wieder vor Augen geführt. Auf der Halbinsel Reykjanes begann die eruptive Phase im Jahre 2021 am Fagradalsfjall, gefolgt vom Ausbruch des Meradalir 2022 und dem Litli-Hrútur 2023. Seitdem hat es drei weitere Eruptionen an der Sundhnúkur-Kraterreihe gegeben. Auch unter den Bláfjöll-Vulkanen, die auf dieser Aufnahme zu sehen sind, bebt es immer wieder kräftig. Ein Ausbruch kann auch dort nicht ausgeschlossen werden.

dass es in der Erdgeschichte kaum etwas Vergleichbares zu der Geschwindigkeit unseres heutigen menschengemachten Klimawandels und der Naturzerstörung gibt. Die Natur läuft den von uns verursachten Veränderungen ständig hinterher, aber sie erreicht sie nicht. Deshalb sind wir heute mit unseren Taten von vorgestern konfrontiert, und der Verzögerungseffekt im Klimasystem beträgt derzeit tatsächlich einige Jahrzehnte. Das bedeutet aber auch, dass wir heute nur die Folgen der Störung um die Jahrtausendwende sehen, während die Klimaentwicklung für die nächsten Jahrzehnte bereits heute vorgegeben ist. Das sind keine guten Aussichten, weder für das Pariser Klimaziel, die schmelzenden Gletscher und die Artenvielfalt noch für unsere Kinder und Enkel.

Hinzu kommt, dass sich etwa die Hälfte des von uns in die Atmosphäre emittierten CO_2 langfristig ansammelt, weil es Hunderte von Jahren braucht, um von anderen Speichern wie dem Ozean aufgenommen zu werden. Mit dieser Verantwortung der Hauptemittenten, vor allem der Industrienationen, und dem starken Anstieg der Emissionen seit den 1960er-Jahren bringen wir das aus dem Gleichgewicht geratene Erdsystem an den Rand seiner Belastbarkeit und zunehmend darüber hinaus. Wir sprengen die planetaren Grenzen. Aus diesem Grund rücken die bereits erwähnten Kipppunkte immer mehr in den Fokus der Wissenschaften und zunehmend auch der Öffentlichkeit.

Solche Kipppunkte werden inzwischen gleichermaßen für das gesamte Klimasystem, aber auch für Meeresströmungen, die Eiskappen, das Meereis und Ökosysteme an Land und im Ozean diskutiert. Allen gemeinsam ist, dass die Systeme, die wir stören, zunächst langsam auf diese Veränderung reagieren. Mit zunehmender Störung reagieren sie immer deutlicher und erkennbarer auf den Einfluss des Menschen. An diesem Punkt stehen wir heute. Wir alle erleben, wie das Spektrum der Wetterextreme zugenommen hat, wie immens der Verlust an Gletscher- und Meereis ist, wie es um Korallenriffe und Regenwälder steht und wie immer mehr Pflanzen und Tiere auf der Roten Liste der bedrohten Arten landen. Ohne drastische Emissionsreduktion und Naturschutzmaßnahmen kommen wir in all diesen Systemen den Kipppunkten rasch näher. Dies gilt zunehmend auch für unsere Gesellschaften. Frieden, Demokratie, Freiheit, Menschenrechte, Gerechtigkeit und Vielfalt brauchen ein solides Fundament, um den erodierenden Kräften extremer Ansichten, Autokraten und Diktatoren standhalten zu können.

Weitere wichtige Regulatoren dynamischer Gleichgewichte sind Rückkopplungsschleifen. Sie durchweben und verbinden die Bestandteile des Planeten miteinander. Ihre räumlichen und zeitlichen Wechselwirkungen sind die Hauptgründe für die Komplexität des Erdsystems. Außerdem haben wir viele dieser Rückkopplungen mit Sicherheit noch nicht entdeckt. Positive Rückkopplungsschleifen verstärken sich selbst und sind daher alles andere als positiv. Negative Rückkopplungsschleifen wirken dagegen dämpfend und selbstregulierend.

Das vielleicht bekannteste Beispiel für eine positive Rückkopplungsschleife ist der Rückgang der Meereisbedeckung in den Polarregionen. Schnee auf Meereis ist sehr hell und reflektiert den größten Teil der Sonnenstrahlung, weshalb sich solche Oberflächen nur wenig erwärmen. Der eisfreie Ozean ist dagegen sehr dunkel und absorbiert fast die gesamte Sonnenstrahlung. Dadurch erwärmt sich das Wasser am Meereisrand

Kristallstrand. Die gestrandeten Eisberge auf dem schwarzen Lavasand des Jökulsárlón Strandur auf Island sind allesamt Unikate. Für wenige Stunden lag dieser wunderschöne Eisberg von 1,5 Meter Höhe in der Abenddämmerung des Mittsommers, bevor er von der Brandung der nächsten Flut für immer zerstört wurde.

schneller, wodurch mehr Eis schmilzt und die Eisneubildung verzögert wird. Dadurch wird noch mehr dunkler Ozean sichtbar, was wiederum noch mehr Eis schmelzen lässt.

Eine selbstregulierende negative Rückkopplung kennen wir von unserem Körper: Wenn es uns zu warm wird, beginnen wir zu schwitzen. Die sich auf der Haut bildende Feuchtigkeit verdunstet und entzieht uns Wärme, wodurch die Körpertemperatur wieder sinkt. Rückkopplungsschleifen reagieren immer zeitverzögert auf das ausgelöste Signal. Abhängig davon, welche Erdsystembestandteile betroffen sind, erfolgt die Reaktion nach Sekunden oder erst nach Millionen von Jahren. Manchmal haben sie die Reichweite eines Sandkorns, manchmal betreffen sie den gesamten Planeten. Häufig gehen dabei die spürbaren Veränderungen, wie es beim Extremwetter in unseren Breiten der Fall ist, von ganz anderen Regionen der Erde aus.

Wenn Kipppunkte überschritten werden, kehrt das Erdsystem in absehbaren Zeiträumen nicht mehr in den alten Zustand zurück. Das gilt für die Warmwasserheizung des Golfstroms für Europa, die Tiefenwasserbildung vor Grönland bei einer starken Abschwächung des Golfstroms, für die Regenwälder und Korallenriffe und für den Lebensraum der Eisbären. Wir werden unsere Welt nicht wiedererkennen, wenn wir sie über die Kipppunkte geschoben haben. Neue dynamische Gleichgewichte auf der Erde sind also eine Konsequenz der massiven globalen Veränderungen durch die Spezies Mensch. Dabei rächt sich die Natur keineswegs für unser Verhalten. Sie reagiert lediglich nach physikalischen, chemischen und biologischen Gesetzen auf mehr CO_2, zu viele Giftstoffe und ihre Übernutzung.

EINE WICHTIGE UNWISSENSCHAFTLICHE STELLSCHRAUBE

Wir missbrauchen das Land, weil wir es als eine Ware betrachten, die uns gehört. Wenn wir das Land als eine Gemeinschaft sehen, zu der wir gehören, können wir beginnen, es mit Liebe und Respekt zu nutzen.

— Aldo Leopold,
Ökologe und Umweltethiker

Für uns Menschen gibt es sogar noch eine vierte Stellschraube, die uns auf einmalige Art und Weise das einzigartige Wunderwerk der Natur nahebringen kann. Und das Beste daran ist, dass wir jederzeit die volle Kontrolle darüber haben. Wir müssen es nur zulassen. Sie kostet nicht einmal etwas, aber sie verändert unsere Einstellung zu unserem Planeten. Sie ist ganz und gar unwissenschaftlicher Natur. Es ist Empathie und Liebe. Es sind Eigenschaften, die unsere Sichtweise auf unseren Planeten grundlegend verändern können, um zu einem neuen Bewusstsein zwischen Mensch und Erde zu gelangen. Es ist offensichtlich: Was wir lieben, das schützen wir, doch wir lieben nur, was wir gut kennen. Doch im hektischen Alltag beschränken sich Empathie und Liebe meist auf den engsten Familien- und Freundeskreis, bestenfalls noch auf unsere Haustiere. Dabei wünschen wir uns doch alle, dass es unseren Kindern und Enkelkindern einmal mindestens so gut geht wie uns. Diesen Wunsch können wir ihnen aber nur erfüllen, wenn wir umdenken und unsere Erde mit ihrer Natur und Artenvielfalt neu kennenlernen und uns in sie verlieben.

Return to Innocence. Kaum jemand kann sich der Empathie für niedliche Tiere entziehen. So verliebte ich mich in den kleinen Polarfuchs (Vulpes lagopus), der auf Island vor meiner Kamera posierte.

Diese Empathie für alle Tiere und Pflanzen, ja sogar für die Gesteine der Erde ist mir seit jeher vertraut, denn sie enthalten auch die fossilen Überreste der Pflanzen und Tiere, die zu der Zeit lebten, als diese Steine entstanden. Gesteine sind die elementaren Bestandteile der Landschaften, für mich ist es selbstverständlich, diese Landschaften zu achten und mich mit Respekt in ihnen zu bewegen. Auch Blumen und Bäume sind faszinierende Lebewesen. Als Jugendlicher habe ich viel Zeit damit verbracht, die vielfältige Flora der Alpen zu erkunden und zu fotografieren. Aber auch die Lebenswelt der Ozeane ist nicht weniger faszinierend, von Krillschwärmen und intelligenten Oktopussen bis hin zu den Korallen, Fischschwärmen, Haien und Meeressäugern.

Wenn es uns gelänge, die uns umgebenden Pflanzen und Tiere als nicht menschliche Mitbewohner und nicht als Ware zu betrachten, wäre viel gewonnen. Wir Menschen stehen nicht an der Spitze der Nahrungskette, sondern sind gleichberechtigte und gleichverantwortliche Glieder im Regelmechanismus der Erde.

Die Erde unter unseren Füßen ist kein toter Klumpen Fels, sondern ein lebendiger Planet, und wir dürfen ihn lieben und ehren. Wie wichtig dabei die Perspektive auf unseren Planeten ist, hat Pete Holmes, ein amerikanischer Comedian, sehr passend auf den Punkt gebracht, als er sagte: »Sie glauben, Sie sind in Amerika? Zoom out! Sie befinden sich auf einem Planeten, einem Weltraumfelsen, der im Nichts schwebt.« Ganz gleich, wo Sie wohnen, woran Sie glauben und welche Werte Sie vertreten, uns alle eint unser gemeinsamer Heimatplanet Erde und die enorme Verantwortung, das Leben auf der Erde zu bewahren. Es ist an der Zeit, dass wir uns als Menschheit dieser Verantwortung stellen.

DER STURZ AUS DER SYMBIOSE

Es ist genug.
Genug der Vernichtung der Artenvielfalt.
Genug, uns selbst mit Kohlenstoff umzubringen.
Genug, die Natur wie eine Toilette zu behandeln.
Genug, uns unseren Weg durch Verbrennen, Bohren und Bergbau noch tiefer zu graben.
Wir schaufeln uns damit unsere eigenen Gräber.

— António Guterres, Generalsekretär der Vereinten Nationen

Bevor ich mich den Eingriffen der Menschheit in die Natur und das Erdsystem insgesamt zuwende, möchte ich betonen, dass ich mit dem Begriff »wir« in diesem Buch die immer noch dominierende Gruppe von Menschen meine, die sehr klimaschädlich handeln, Wirtschaftswachstum für das höchste Gut halten und den Schutz der Natur hintanstellen. Mir ist bewusst, dass viele von Ihnen, liebe Leserinnen und Leser, bereits eine wertschätzende Haltung gegenüber der Natur haben und sich in der einen oder anderen Form aktiv für den Schutz unseres Planeten einsetzen. Ihre Bemühungen und Ihr Engagement sind von unschätzbarem Wert, und ich möchte Sie ermutigen, sich weiterhin für eine nachhaltige Zukunft einzusetzen. Sie sind Teil einer wachsenden Gemeinschaft von Menschen, die unseren Planeten lieben und sich für das Wohlergehen der Natur einsetzen. Für Ihren wichtigen Beitrag möchte ich Ihnen herzlich danken.

← **Momente der Erinnerung.** Ein malerischer Sonnenaufgang mit einer perfekten Spiegelung der kanadischen Rocky Mountains im Two Jack Lake beleuchtet hohe Zirruswolken eines herannahenden Sturms. In der Kälte des Morgens steigt flacher Nebel über dem See auf.

Die Erkenntnis um die Verantwortung für unseren Planeten und seine Natur steht in direktem Widerspruch zu unserem Handeln. Damit stehen wir in der Evolutionsgeschichte auf verlorenem Posten. Wir sind die erste Spezies, die trotz ihrer viel gerühmten Intelligenz dabei ist, sich durch egoistisches Handeln selbst zu gefährden und viele andere Arten auszurotten. Die Menschheit verhält sich gegenüber der Erde wie in einer gescheiterten Beziehung. Wissenschaftlich ausgedrückt: Wir haben die Symbiose mit unserem Planeten aufgekündigt und jeden Respekt vor der Natur verloren. Wir halten es für normal, lebenswichtige Ökosysteme für die Rohstoffgewinnung zu zerstören oder zu vergiften, sie als Nahrungsquellen zu plündern oder als Müllkippe zu missbrauchen. Wir pumpen weiterhin immer mehr CO_2 in unsere empfindliche Lufthülle, entwalden den Planeten, fischen die Ozeane leer und verwandeln sie in Plastikmülldeponien. Wir vergraben unseren Atommüll unter der Erde und nehmen mit unserem Verhalten billigend in Kauf, dass ganze Ökosysteme an und über die Grenze ihrer Belastbarkeit kommen. Wir monetarisieren unsere Heimatplaneten wie ein Warenlager und haben jede emotionale Bindung an ihn verloren. Dabei sind es die Ökosysteme, die uns kostenlos mit sauberer Luft, sauberem Wasser und einem reichen Angebot an gesunden Nahrungsmitteln versorgen.

Machen Sie sich bewusst, dass der lebensnotwendige Sauerstoff von Myriaden fleißiger Einzeller des Phytoplanktons in den Ozeanen und von Pflanzen an Land kostenfrei für Sie produziert wird. Stellen Sie sich vor, dieses pflanzliche Leben würde Ihnen diesen Sauerstoff verkaufen. Und wenn

Sie kein Geld hätten, würden Sie auch keinen Sauerstoff bekommen. Macht Sie ein solcher Gedanke nicht dankbar für die Geschenke der Natur? Was geben wir der Natur dafür zurück? Nichts! Im Gegenteil, wir beuten die Natur aus und missbrauchen sie als Müllkippe.

Im Grunde ist es der Erde völlig egal, was wir tun. Sie braucht uns nicht und hat unbegrenzt Zeit, um ihre Wunden zu heilen. Wir dagegen sind von unserer Erde und ihren intakten Ökosystemen vollständig abhängig. Deswegen sollten wir uns erinnern, dass wir auch anders können: Wir sind in der Lage, als Hüter der Erde und ihrer Artenvielfalt aufzutreten, sie nachhaltig zu nutzen und mit der Natur zu leben, statt gegen sie.

Es stellt sich die Frage, was wir eigentlich unter Intelligenz und intelligentem Handeln verstehen. Es ist zweifellos ein Zeichen von Intelligenz, dass wir Bewusstsein erlangt haben und dass wir technisches und medizinisches Wissen nutzen, um unser Leben angenehmer zu gestalten. Menschen sind auf dem Mond spazieren gegangen und haben Rover auf den Mars entsendet, um dort nach Leben zu suchen. Wir haben die menschliche DNA entschlüsselt, nutzen Computer, Internet, E-Mail und können mit unserem Smartphone auf das gesamte Wissen der Menschheitsgeschichte zugreifen. Und wir haben herausgefunden, wie CO_2 das Klima der Erde reguliert. Wir sind zudem neugierig, welche Geheimnisse wir den Unendlichkeiten des Weltalls entlocken können und ob Leben auf fernen Exoplaneten möglich ist.

Die Suche nach lebensfreundlichen und potenziell bewohnbaren Exoplaneten ist zwar faszinierend, birgt aber auch einen gefährlichen Trugschluss. Die Vorstellung, unseren zugrunde gerichteten Planeten zu verlassen, um den nächsten in gleicher Weise zu behandeln, zeigt, wie sehr wir uns bereits von unserem Heimatplaneten entfremdet haben. Dabei haben wir auf absehbare Zeit nicht einmal die technischen Möglichkeiten, Menschen zum Mars zu bringen, geschweige denn als Spezies unser Sonnensystem zu verlassen. Es ist eine Sache, unbelebte und robuste Technik auf eine weite Reise zu schicken, und eine ganz andere, dies mit uns fragilen Menschen zu tun, die neben der Stromversorgung noch andere lebensnotwendige Bedürfnisse haben.

Wir sind zweifellos intelligent, aber das macht uns noch lange nicht weise. Wir sind erfinderisch, aber nicht empathisch. Wir sind kurzsichtig auf unseren Erfolg bedacht, aber nicht vorausschauend. Weise wären wir, wenn wir Verantwortung für unseren Planeten und seine Ökosysteme übernehmen würden. Es wäre klug, unsere Erde wieder ins Gleichgewicht zu bringen. Dazu müssen neue Wege in ein nachhaltiges Zeitalter beschritten werden, die wieder ein Leben in Symbiose mit der Erde und ihren Ökosystemen ermöglichen. Dazu gehört auch emotionale Intelligenz, die Empathie, Respekt und Liebe vereint. Respekt vor der 4100 Millionen Jahre währenden Evolutionsgeschichte des Lebens und seiner Wechselwirkung mit dem Planeten zu spüren, ist für mich Ausdruck wahrer Intelligenz.

Es wäre auch intelligent, zu erkennen, dass nicht nur wir Menschen ständig miteinander kommunizieren und interagieren. Auch der Planet mit all seinen Lebewesen tut dies ununterbrochen. Dies geschieht nicht durch Worte, wie wir sie kennen, sondern durch den Informationsaustausch zwischen den unbelebten Prozessen der Erde und dem belebten Netzwerk aus Viren, Bakterien, Algen, Pilzen, Pflanzen und Tieren.

MIT EMPATHIE AUS DER APATHIE

> *In einer Welt, die süchtig nach Geschwindigkeit ist, ist Langsamkeit eine Superkraft.*
>
> — Carl Honoré, Journalist und Autor

Wenn es um den Zustand der Natur geht, reicht das sprichwörtliche »Es ist fünf vor zwölf« nicht mehr aus. Die Zeit zum Handeln ist jetzt. Diese Aussage soll uns wachrütteln. Sie soll uns aber keineswegs in Angst und Panik versetzen. Vielmehr sollten wir uns fragen, was die große Mehrheit von uns dazu bringt, so wenig empathisch, gefühllos und lieblos mit unserer Erde und ihren Bewohnern umzugehen.

Niemand käme ernsthaft auf die Idee, das eigene Heim oder seinen hart erarbeiteten Besitz an Geld und Gütern systematisch und vorsätzlich zu zerstören. Im Gegenteil, wir versichern alles akribisch gegen Verluste, und die Versicherungen tun dies wiederum bei den Rückversicherern. Wir kümmern uns aufopferungsvoll um unsere Familie, Freunde und Haustiere. Sie ahnen, worauf ich hinauswill. Warum also schützt, hegt und pflegt die Menschheit dann nicht auch unseren Heimatplaneten Erde, der unser aller Lebensgrundlage ist?

Die Gründe sind vielfältig. Offensichtlich ist, dass wir die erdrückende Flut der täglichen Schreckensmeldungen einfach nicht mehr ertragen. Die typische Reaktion ist, den Kopf in den Sand zu stecken und sich im eigenen Schneckenhaus zu verkriechen. Wir sind frustriert, entmutigt, ängstlich und pessimistisch. Ohne Tatkraft und ohne Aussicht auf Besserung resignieren wir. Da wir Verdrängungskünstler sind, ist es oft einfacher, so weiterzumachen wie bisher. Wir Wissenschaftler nennen das »business as usual« oder alltagssprachlich »nach mir die Sintflut«. Hinzu kommt der Wunsch fast aller Menschen nach mehr Konsum, Besitz und Macht, der vermeintlich Glück und Zufriedenheit bringt.

Die Gleichgültigkeit gegenüber den essenziellen Krisen kann aber auch in Empathie gewandelt werden. Aus Sorge, Unzufriedenheit und Not können wir nach tragfähigen Lösungen für die Probleme suchen, die wir allesamt selbst verursacht haben. Die gute Nachricht ist: Wir haben bereits tragfähige Visionen für eine klimaneutrale und nachhaltige Zukunft. Mit Klimaneutralität ist im Paris-Abkommen die Treibhausgasneutralität gemeint. Sie bezieht sich auf das Ende der Treibhausgas-Emissionen durch das Verbrennen der fossilen Energieträger Erdöl, Erdgas und Kohle. Das Klimaschutzgesetz fordert dies für Deutschland im Jahr 2045, die Europäische Union will es im Jahre 2050 erreichen, und die Entwicklungs- und Schwellenländer sollen es etwas später schaffen.

Woran es uns noch mangelt, ist der unbeirrbare Wille, den Umbau unserer Gesellschaften mutig und entschlossen anzugehen. Dabei sollten wir uns nicht weiter an den Symptomen des Wandels abarbeiten, sondern systemisch etwas verändern. Dazu ist es sinnvoll, die Grundprobleme der Weltgemeinschaft anzugehen und unsere Wertvorstellungen gemeinsam zu verändern. Mit anderen Worten: Wir brauchen neue Narrative für eine global kooperierende Welt mit mehr als acht Milliarden Menschen.

Zunächst müssen wir unseren Platz im Erdsystem erkennen und respektieren. Das bedeutet, zu erkennen, dass wir nicht bedeutender sind als ein Sandkorn. Eine solche Sichtweise macht uns aber keineswegs klein und unbedeutend, sondern zu einem wichtigen Teil des Ganzen. Mit dieser tieferen Wertschätzung der Natur und unserer Verbundenheit mit allen Lebewesen betrachten wir die Pflanzen und Tiere um uns herum als gleichberechtigte Mitbewohner, und diese Wertschätzung ist die Basis für Nachhaltigkeit.

Sie lässt uns bei der Begegnung mit einer Biene erkennen, dass sie in ihrem kurzen Leben unzählige Blüten bestäubt und damit zu einem reichhaltigen Nahrungsangebot für uns beiträgt. Ein solches Erkennen, Benennen und Danken verändert unseren Bezug zur Natur und verwandelt unsere Umwelt in eine Mitwelt, in der jeder seinen kleinen Beitrag zur Stabilität des Systems Erde leistet. Wenn wir stattdessen die Biene erschlagen oder mit Insektiziden töten, fehlt ihr kleiner Beitrag. Das hat Folgen für unsere Nahrungsmittelversorgung, denn jede einzelne Biene zählt. Zusammen mit ihren Artgenossen und allen Wildbienen übernehmen sie die erst einmal unscheinbare, aber lebenswichtige Bestäubung unsere Kulturpflanzen. So ist jedes Sandkorn, jede Biene und jeder Mensch ein wichtiger Teil der Erde. Ganz nach dem schönen Sprichwort: »Kleine Taten haben große Wirkung«.

Wendet man dieses Prinzip auf uns acht Milliarden Menschen an, ergibt sich Erschreckendes. Unsere individuellen kleinen und fleißigen täglichen Handlungen summieren sich zu einer unerträglichen Belastung und Übernutzung des Erdsystems. Deshalb kommt es auf jeden Einzelnen an, im Positiven wie im Negativen. Sie haben jederzeit die Möglichkeit, zu entscheiden, ob Sie destruktiv oder konstruktiv am System Erde mitwirken wollen. Das macht deutlich, warum jede einzelne Abkehr vom Pfad der Naturzerstörung wichtig und alles andere als nichtig ist.

Auf diesem neuen Weg dürfen wir zulassen, dass uns der aktuelle Zustand der Erde tief in unserem Inneren berührt. Wir dürfen Angst, Wut, Trauer, Schmerz, Scham und Ekel empfinden für das, was wir der Erde und dem Leben angetan haben. Wir müssen akzeptieren, dass diese Gefühle und die düstere Zukunft Teil unserer täglichen Realität geworden sind. Es löst in uns Zukunfts- und Existenzängste aus, da es geht mir nicht anders als Ihnen. Aus dem Verlust von Sicherheit und Planbarkeit erwachsen Antriebslosigkeit, Depression und bewusstes Verdrängen. Deshalb ist es so wichtig, dieses Nicht-Handeln durch Erkennen und Verstehen dessen, was schiefläuft, in Handeln umzuwandeln, damit wir wieder hoffnungsfroh in die Zukunft blicken können. Die Chancen, die sich daraus ergeben, sind um ein Vielfaches größer als die Risiken.

Wir erleben in diesen unsicheren Zeiten aber auch, was geschieht, wenn uns dies durch falsche Ansätze nicht gelingt. Das treibt zu viele von uns in die Aggression und den Rückzug in den Nationalstaat. Aber das Schüren von Konflikten und die Verkleinerung der eigenen Welt sind keine Lösung für globale Krisen. Es gibt auch keine einfachen Antworten auf komplexe Fragen. Das führt in die gefährliche Welt des Populismus, der Leugnung und der Fake News.

Eine andere Art, auf diese Zukunftsangst zu reagieren, ist Flucht und Ablenkung. Wir ignorieren die Probleme um uns herum und steigern den Konsum noch mehr. Dieser Weg führt zum »worst case scenario«, der noch rascheren Zerstörung der Erde. Angst ist eigentlich ein Schutzmechanismus, um aus der Gefahrenzone zu fliehen. Evolutiv ist es die Flucht vor dem Löwen, der vor uns steht und uns anbrüllt. Für die heutige Angst ist Flucht aber keine Lösung mehr. Was aber, wenn wir keine Kraft mehr für Widerstand haben?

Dann kommt das Prinzip Hoffnung ins Spiel. Wir können lernen, Angst in Neugier und Neugier in Tatendrang zu verwandeln, und diese Taten können uns neue Strategien aufzeigen. Haben Sie sich schon einmal gefragt, wie Sie sich die

Welt am liebsten vorstellen? Haben Sie eher Bilder von grünen Wäldern, murmelnden Bächen und blühenden Wiesen vor Augen, oder machen Sie grauer Beton, hupende Autos, ein mies gelaunter Chef und Berge unbeantworteter E-Mails glücklich? Welche dieser Realitäten soll Ihr Leben und das Ihrer Kinder und Enkel bestimmen?

Damit es unseren Nachfahren einmal mindestens so gut geht wie uns, im Idealfall sogar besser, hinterlassen wir ihnen Häuser, Grundstücke, Unternehmen und Geld. Darauf sind wir zu Recht stolz. Aber wie sieht es mit der vererbten Lebensqualität aus? Können wir stolz darauf sein, ihnen eine zerstörte Natur mit einem Extremwetterklima zu hinterlassen, in dem sauberes Trinkwasser immer knapper wird und ganze Regionen des Planeten unbewohnbar geworden sind? Sollen sie in einer Welt leben, in der Miniaturdrohnen die Rolle der Bienen übernommen haben? In einer solchen Welt wird es unseren Kindern schlechter gehen als uns.

Seit einigen Jahren ist deutlich zu spüren, dass das Prinzip Hoffnung und Aufbruch zu greifen beginnt. Der Blick auf die Welt von heute und die Aussicht auf eine bessere Zukunft bewegt viele von uns. Auch in Forschung und Industrie gibt es großartige Ansätze für Nachhaltigkeit und Klimaschutz. Es lohnt sich, dies massiv zu fördern und zu unterstützen. Viele von uns beteiligen sich immer häufiger an friedlichen Demonstrationen, handeln im Sinne des Aufbruchs in eine nachhaltige Welt, setzen sich aktiv für Frieden, Freiheit und Demokratie ein, beteiligen sich im Klima-, Natur- und Tierschutz und treiben die Energiewende voran. Heute heißt es oft: Wir sind mehr! Sobald wir mit diesen positiven Aktionen eine kritische Masse erreicht haben, kann man uns nicht mehr ignorieren.

Die vielen Orte, an denen ich auf meinen wissenschaftlichen Expeditionen dem Klimawandel und dem Missbrauch an der Erde und der Natur hautnah begegnet bin, waren für mich der Auslöser, mein Leben von Grund auf zu ändern und das zu werden, was mir nahestehende Menschen einen »Global Earth Ranger« nennen.

Viele von uns plagt angesichts des Erdzustands ein schlechtes Gewissen, aus dem sich oft ein destruktives Menschenbild ableitet. Oft höre ich, es wäre besser, wenn der Mensch so schnell wie möglich von der Bildfläche verschwinden würde, damit sich die Erde erholen kann. Dieser Gedanke kommt einem kollektiven Selbstmord gleich und lässt uns völlig vergessen, dass wir Menschen in der Lage sind, Leben zu bewahren und zu schützen. Wir sind soziale Wesen, die sich gerne kümmern, und wir können unsere Technik und Kreativität dafür einsetzen. Dabei ist es sehr hilfreich, die Lösungsansätze in viele kleine Schritte zu zerlegen, um uns nicht zu überfordern. Ein erster Schritt wäre, wieder miteinander zu reden, zuzuhören und gemeinsam nach Lösungen zu suchen. Als Menschheit brauchen wir neue Visionen.

Dafür brauchen wir Einsicht. Noch nie waren wir so bedroht von Klimawandel, Naturzerstörung und Artensterben wie heute. Gleichzeitig ist das Wissen darüber so umfangreich wie nie zuvor. Wenn wir nur noch ein paar Pflanzen- und Tierarten kennen, degradieren wir die Fichte zum Holzlieferanten und den Mais, das Huhn und das Rind zum Nahrungsmittel. Die meisten Menschen haben den Bezug zur Artenvielfalt auf der Erde verloren. Wenn wir uns die Zeit nehmen, die Artenvielfalt vor unserer eigenen Haustür zu erkunden, erkennen wir, dass Meisen, Spatzen, Rotkehlchen, Stieglitze und Seeadler nicht einfach nur Vögel sind, sondern beeindruckende Individuen mit erstaunlichen Fähigkeiten. Sobald wir sie näher kennerlernen, bauen wir eine Beziehung zu ihnen auf. Das gilt auch für Wildkräuter, die wir zu Unrecht als Unkraut bezeichnen.

Was für die belebte Natur und die unbelebte Erde gilt, gilt auch für uns Menschen, denn wir sind ein Teil dieser Vielfalt. Was würden wir verlieren, wenn wir alle die gleichen Kleider trügen, die gleiche Hautfarbe hätten, den gleichen Traditionen folgten und in unseren Kulturen, Religionen und Weltanschauungen gleichgeschaltet wären. Die Erde und ihr Leben sind vielfältig und bunt, fein austariert und aufeinander abgestimmt, und das seit vielen Hunderten von Millionen Jahren.

LEUGNEN IST KEINE ALTERNATIVE

Die gefährlichste aller Weltanschauungen ist die der Leute, welche die Welt nie angeschaut haben.

— Alexander von Humboldt,
Naturforscher und Geograph

Menschen suchen die Schuld gerne überall, aber selten bei sich selbst. Auf diese Weise versuchen wir, uns der Verantwortung zu entledigen, die uns erdrückt. Weil das nicht mehr hilft, flüchten sich viele Menschen in Realitätsverweigerung, Verschwörungstheorien oder gar Radikalisierung. Die Gründe dafür sind vielschichtig und beginnen bei der zunehmenden sozialen und ökonomischen Ungerechtigkeit zwischen Arm und Reich. Wer die Komplexität des Erdsystems und die Globalisierung als Bedrohung empfindet, zieht sich zurück. Das wiederum schränkt die Dialogbereitschaft mit Menschen außerhalb der eigenen Gruppe ein. Oft ist es aber auch einfach die Angst vor den Folgen der vom Menschen verursachten Veränderungen in der Natur und den damit verbundenen Veränderungen in der Weltgemeinschaft. Viele lehnen staatliche Maßnahmen ab, weil sie Einschnitte bei Einkommen, Vermögen oder Freiheit befürchten.

Diese Spaltung der Gesellschaft wird auch bewusst gefördert. Konzerne, deren ideologische, politische oder wirtschaftliche Agenda im Widerspruch zum Klima- und Naturschutz steht, wollen auf ihre Interessen und Milliardengeschäfte bei der Produktion und dem Handel mit fossilen Brennstoffen nicht verzichten.

Soziale Netzwerke haben ebenfalls eine Verantwortung für das, was sie ihren Nutzern zeigen. Da diese Netzwerke darauf ausgelegt sind, mithilfe von Algorithmen und künstlicher Intelligenz zu lernen, was wir uns anschauen und wem wir folgen, bekommen wir nur noch Nachrichten und Beiträge vorgeschlagen, die zu unseren Interessen passen. Das ist an sich nichts Schlechtes, aber wer sich nur noch über soziale Netzwerke über das Weltgeschehen informiert, verliert Vielfalt und Unabhängigkeit und läuft Gefahr, in dieser kleinen Blase zu einseitig oder gar falsch informiert zu werden. Häufig sind solche Bubble News die Quelle von Fake News und Verschwörungstheorien, die sich in der kleinen Welt der Interessensgruppen viral verbreiten, ohne auf ihren Wahrheitsgehalt hinterfragt zu werden.

Wer Fakten durch Fake News ersetzt und Wissen mit Meinungen vertauscht, begibt sich auf einen gefährlichen Weg. Fake News sind keine alternativen Fakten, sondern schlicht falsche Behauptungen und bestenfalls unbewiesene Meinungen Einzelner. Wir müssen dringend damit aufhören, unsere Gesellschaften weiter zu polarisieren, und dürfen keineswegs mit Wut, Hass und Hetze in einer »Hauptsache dagegen«- oder »Irgendwer zuerst«-Strategie agieren. Das sind rattenfängerische Versuche, die Ängste und Unsicherheit der Menschen zu instrumentalisieren, um sich durch Nationalismus immer mehr von der globalisierten Welt abzuwenden.

Sich von den Fakten abzuwenden und die Natur durch vermeintlich einfache Antworten auf komplexe Fragen zu vereinfachen, funktioniert weder bei der Klimakrise, der Zerstörung der Natur oder dem Artensterben noch bei der Abschottung nach außen oder der Abkopplung von der Gesellschaft. Wir haben den rapiden Erdwandel als Menschheit kollektiv angerichtet, und wir werden auf diesem Planeten nur überleben, wenn wir kollektiv Verantwortung übernehmen und uns ebenso kollektiv und weltoffen um unsere Erde kümmern. Denn eines ist klar: Diese Probleme machen weder vor Ländergrenzen noch vor Ideologien halt. Egal, wo wir CO_2 in die Atmosphäre emittieren, die Winde verteilen es gleichmäßig über den ganzen Planeten. Diese Tatsache zu leugnen, ist auch sinnlos, denn wie wollen wir das Schmelzen des Eises in den Polarregionen erklären, obwohl wir dort gar kein CO_2 emittieren?

Jeder kennt das Sprichwort: »Unwissenheit schützt vor Strafe nicht«. Das bekommen wir derzeit mit dem Extremwetter und seinen Folgen nicht nur immer häufiger, sondern auch immer heftiger zu spüren. Und das ist erst der Anfang, wenn wir nicht endlich aufhören, die fossilen Energieträger aus der Erde zu graben und zu verfeuern. Dabei bezieht sich diese Unwissenheit auf das kollektive Verhalten der Menschheit, denn wir haben ja längst verstanden, wo die Probleme liegen und wie sie zu lösen sind.

Die Behauptungen der Klimaskeptiker und Klimaleugner entpuppen sich als Spiegelfechterei. Ja, ständiger Wandel ist der natürliche Normalzustand auf unserer Erde, und ja, auch der CO_2-Gehalt der Atmosphäre ändert sich, und ebenfalls hat die Erde in ihrer langen Vergangenheit schon ganz andere Klimaextreme erlebt. Genau deshalb sind die vom Menschen verursachten Probleme auch nicht in erster Linie daran festzumachen, wie hoch oder niedrig die Temperaturen in der Erdgeschichte schon waren oder wie viel CO_2 wir ausgestoßen haben. Das Problem ist die Geschwindigkeit, mit der wir dies tun. Noch nie in der Erdgeschichte hat es eine so schnelle Erwärmung des Planeten bei gleichzeitiger Übernutzung und Verschmutzung der Naturräume gegeben.

Generationen von Wissenschaftlern aller Disziplinen haben sich dem akribischen Studium der Erde verschrieben, um ihr Schritt für Schritt zu entlocken, wie sie wirklich funktioniert. Natürlich ist dieses Bild noch lange nicht vollständig, natürlich gibt es Unsicherheiten hinsichtlich der Folgen unseres Handelns, und natürlich wirft jede neue Erkenntnis auch neue Fragen auf. Und natürlich hängt unsere Zukunft davon ab, wie wir uns künftig verhalten. Das alles ist aber kein Grund, die Arbeit der Wissenschaft grundsätzlich infrage zu stellen. Ich weiß aus eigener Erfahrung nur zu gut, dass Wissenschaftler zu den skeptischsten Erdbewohnern überhaupt gehören. Neue Erkenntnisse werden mehrfach unabhängig überprüft und von allen Seiten beleuchtet, bevor sie Eingang in die begutachtete wissenschaftliche Literatur finden. Erst dann werden relevante Ergebnisse in den Berichten des Weltklimarats IPCC veröffentlicht.

Der Weltklimarat IPCC (Intergovernmental Panel on Climate Change; www.ipcc.ch) ist ein Gremium der Vereinten Nationen, erhielt 2007 den Friedensnobelpreis für seine herausragenden wissenschaftlichen Arbeiten zum Klimawandel und dafür, dass er diese Erkenntnisse in das Bewusstsein der Weltöffentlichkeit gebracht hat. Die Berichte fassen das gesammelte Wissen über den Zustand der Erde zusammen, an dem mehr als 11 000 Wissenschaftlerinnen und Wissenschaftler verschiedener Fachdisziplinen länderübergreifend, zumeist politisch unabhängig und interdisziplinär gearbeitet haben. Es ist das Kondensat dessen, was wir über unsere Erde und den zu schnellen, menschgemachten Klimawandel wissen.

Der aktuelle, sechste IPCC-Bericht fasst die Auswirkungen menschlichen Handelns wie folgt zusammen: »Es ist unbestreitbar, dass der Mensch die Atmosphäre, die Ozeane und das Land erwärmt hat. Weitreichende und rasche Veränderungen in der Atmosphäre, den Ozeanen, den Eiswelten und der Biosphäre sind durch menschliche Aktivität eingetreten. Der beobachtete Anstieg der Treibhausgase seit etwa 1850 ist eindeutig durch menschliche Aktivität verursacht.«

Dieses fundierte Wissen des Weltklimarates pauschal infrage zu stellen oder gar zu leugnen, bedeutet, sich als Einzelner mit einer Meinung gegen alle Fakten und wissenschaftlichen Errungenschaften der Menschheitsgeschichte zu stellen, was nicht nur anmaßend und vermessen, sondern geradezu absurd ist.

Es mag sein, dass wissenschaftliche Berichte manchmal in einem unvorteilhaften Licht erscheinen, weil ihre Ergebnisse in einer mathematisch-physikalischen Fachsprache präsentiert werden, die für die breite Öffentlichkeit unverständlich und mit Fremdwörtern überladen ist. Aber gerade deshalb gibt es eine Vielzahl von Menschen, die es sich zusammen mit dem Weltklimarat zur Aufgabe gemacht haben, diese Fachsprache so zu übersetzen, dass sie verständlich wird. Nicht selten sind es Wissenschaftler wie ich selbst, die den Weg der Wissensvermittlung in die Öffentlichkeit gewählt haben.

Es gehört zu den größten wissenschaftlichen Errungenschaften der Menschheitsgeschichte, dass es mittels der Klimamodellierung gelungen ist, den Planeten mit und ohne den Einfluss des Menschen zu simulieren. Diese Klimamodellsimulationen basieren auf den Ergebnissen des »Climate Modelling Intercomparison Project« in der sechsten Version (CMIP6), die im sechsten Sachstandsbericht des Weltklimarats IPCC veröffentlicht wurden. Dazu wurden rund 30 verschiedene Klimamodelle von nationalen und internationalen Forschungsinstituten herangezogen, die jeweils für sich die Klimaänderungen für mehrere vorgegebene Emissionsszenarien mit und ohne den menschlichen Einfluss berechneten. Die Ergebnisse der Klimamodelle wurden dann gemittelt und um den Wert ihrer Schwankungsbreite, den Unsicherheitsbereich, versehen. Diese Ergebnisse wurden dann mit den langfristigen Messdatenreihen verglichen, die hauptsächlich aus Eisbohrkernen, Meeressedimenten und Luftmessungen bestehen.

Diese Grafik kann unter der Internetadresse https://commons.wikimedia.org/wiki/File:Global_Temperature_And_Forces.svg eingesehen werden.

Die Ergebnisse zeigen eindrucksvoll, dass die Temperaturkurve ohne menschlichen Einfluss, also natürlich getrieben durch Sonne, Vulkane und das Zusammenspiel von Atmosphäre, Ozean und Landoberflächen, von 1880 bis heute nur um etwa 0,3 Grad Celsius geschwankt hat, wobei das Mittel dieser Änderung sogar null beträgt. Mit uns Menschen hingegen zeigen die Klimamodelle eine bemerkenswerte Übereinstimmung mit den Messdaten. Beide Kurven zeigen eine Erwärmung von 1880 bis heute um etwas mehr als 1,2 Grad Celsius im globalen Mittel.

Deshalb gibt es keine wissenschaftliche Debatte mehr über die Existenz des menschengemachten Klimawandels. Die Wissenschaft beschäftigt sich nur noch mit den Details seiner Auswirkungen. Wir stehen also als Menschheit vor einer hochkomplexen, globalen Krisenüberlagerung, die wir selbst verursacht haben und die nur mit vereinten Kräften aller Länder gelöst werden kann.

Wenn Fake News dominieren und sich immer mehr Menschen abgrenzen und radikalisieren, gewinnen machtbesessene Autokraten an Einfluss und werden schrittweise zu Diktatoren. Krieg ist die unausweichliche Folge. Kriege sind aber das absolute Gegenteil von dem, was wir brauchen, weil sie das Leid der Menschen und sämtlicher Lebewesen mehren, den Klimawandel anheizen und die Umweltzerstörung vorantreiben.

Deshalb ist der schleichende Zerfall unserer freiheitlichen Wertegemeinschaften und das Unterminieren der Demokratien ein fahrlässiges Spiel mit dem Feuer. Es bremst die Klimawende und das Leben in Nachhaltigkeit. Deshalb ist eine freiheitliche Grundordnung der entscheidende Grundpfeiler für unser Überleben auf diesem Planeten. Es berührt mich sehr, dass sich viele von uns für unsere Demokratie starkmachen.

Deshalb ist es mir so wichtig, dass wir miteinander reden, in einen offenen Dialog treten, sachliche Argumente austauschen, einander zuhören und ausreden lassen, egal welcher Partei, welchem Land, welcher Religion oder Ideologie wir angehören.

Wenn es um Klimaleugner, Verbreiter von Fake News, Populisten, Autokraten und Diktatoren geht, kommt mir immer die Legende von Jean-Léon Gérôme aus dem Jahr 1896 in den Sinn, wonach sich einst die Wahrheit und die Lüge trafen. Die Lüge sagte zur Wahrheit: »Heute ist ein wunderbarer Tag.« Die Wahrheit blickte in den Himmel und seufzte, denn der Tag war wirklich schön. Sie verbrachten viel Zeit miteinander und kamen schließlich an einen Brunnen. Die Lüge schlug vor: »Das Wasser ist sehr schön, lass uns zusammen ein Bad nehmen!« Die Wahrheit, wieder misstrauisch, testete das Wasser und stellte fest, dass es tatsächlich sehr schön war. Sie zogen sich aus und begannen zu baden. Plötzlich sprang die Lüge aus dem Wasser, zog rasch die Kleider der Wahrheit an und rannte davon. Die empörte Wahrheit stieg aus dem Brunnen, um ihre gestohlenen Kleider zurückzubekommen. Die Welt, die nun die nackte Wahrheit sah, wandte ihren Blick voller Verachtung ab. Die arme Wahrheit kehrte vor lauter Scham in den Brunnen zurück. Seitdem reist die Lüge im Gewand der Wahrheit durch die Welt, denn mit der nackten Wahrheit möchte die Gesellschaft nichts zu tun haben.

Es nützt also niemandem, sich über den Zustand unseres Planeten etwas vorzumachen. Wir müssen uns den harten und unangenehmen Fakten der nackten Wahrheit stellen und erkennen, dass wir uns mit unserer bisherigen Lebensweise vollkommen verrannt haben. Nur so können wir Strategien für einen erfolgreichen Ausweg entwickeln.

WIE WIR UNS ÜBERWINDEN UND AKTIV WERDEN

Achte auf Deine Gedanken,
denn sie werden zu Deinen Worten.
Achte auf Deine Worte,
denn sie werden zu Deinen Handlungen.
Achte auf Deine Handlungen,
denn sie werden Deine Gewohnheiten.
Achte auf Deine Gewohnheiten,
denn sie werden Dein Charakter.
Achte auf Deinen Charakter,
denn er wird Dein Schicksal.

— Mahatma Gandhi

Wir alle kennen das Phänomen. Bei unangenehmen Aufgaben, so wichtig oder dringend sie auch sein mögen, neigen wir dazu, sie aufzuschieben – das ist das Prinzip der Prokrastination. Natürlich ist uns klar, dass wir uns mit diesem Aufschieben immer mehr unter Druck setzen. Warum sollte es Politikern anders gehen als Ihnen und mir, zumal deren Begeisterung für die Energiewende und die Transformation der Gesellschaft in eine nachhaltige Zukunft endlich ist. Schließlich lässt sich mit dem Status quo noch viel Geld verdienen.

Obwohl sich unsere Jugend zu Recht Sorgen um ihre Zukunft macht, sich weltweit organisiert, um friedlich für ein besseres Erdklima und Nachhaltigkeit zu demonstrieren, führt dies weder zu der notwendigen Aufmerksamkeit noch zu intensivem Handeln unserer Entscheidungsträger.

Vollmundige Versprechungen lassen die notwendigen und entschlossenen Taten missen, und eine Klimakonferenz nach der anderen scheitert am notwendigen Willen, etwas Wesentliches zu verändern. Zudem werden, um das Problem zu umgehen, nationale Emissionsreduktionen geschönt, indem sie kurzerhand ins Ausland verlagert werden, wichtige Klimaberichte der einzelnen Ressorts zu einem zusammengefasst werden, um Sektoren mit zu geringen Reduktionen zu verschleiern. Zudem werden die wahren CO_2-Bilanzen der Produkte kleingerechnet, indem Umweltzerstörung und -verschmutzung durch Rohstoffgewinnung, Herstellung und Entsorgung des Produkts aus der Klimabilanz ausgeklammert werden. Wie sonst könnte ein Apfel aus Neuseeland billiger sein als ein Apfel aus regionalem Anbau? Produkte werden uns fälschlicherweise als klimaneutral angepriesen, sobald sie mit grünem Strom fahren, bearbeitet oder transportiert werden. Das beste Beispiel ist das Elektroauto. Die Rechnung geht natürlich nur auf, wenn sich das alte Auto beim Verkauf in Luft auflöst und die Folgen der Rohstoffgewinnung für die Herstellung der Batterien unter den Teppich gekehrt werden, vom vollständigen Recycling der Batterien ganz zu schweigen. Zudem wird klimaschädliches Verhalten weiterhin mit Milliarden subventioniert.

Aber es tut sich etwas in der Politik, in der Industrie und vor allem in der Bevölkerung. Es stimmt mich sehr hoffnungsvoll, dass im Jahr 2023 85 Prozent der Deutschen den Klimawandel für eine ernste Bedrohung gehalten haben und der Meinung waren, dass die Politik nicht entschlossen genug dagegen vorgeht.

Aber schon aus den oben genannten Gründen dürfen wir bei der Lösung der Klimakrise, der Umweltzerstörung und des Artensterbens nicht auf eine umfassende Top-down-Lösung von Politik und Industrie warten, wo »die da oben« es schon richten werden. Da der Mensch dazu neigt, im Bestehenden zu verharren und Entscheidungen aufzuschieben, sollten wir als Gesellschaft vielmehr den umgekehrten »Bottom-up«-Weg wählen, bei dem wir alle, jede und jeder Einzelne, zur Lösung des Problems beitragen. Wenn uns das gelingt, werden die politischen Entscheidungsträger nicht umhinkommen, uns zu folgen.

Im Idealfall gehen wir diesen Weg nicht, weil Gesetze es uns vorschreiben oder Verbote dazu zwingen, sondern weil wir aus eigener Einsicht verstehen, wo das Problem liegt, und deshalb helfen möchten. Deshalb liegt es mir fern, mit dem erhobenen Zeigefinger zu agieren, denn auch ich bin Teil des Problems. Zwar werden wir um neue Gesetze, Verbote, Regulierungen und Steuern auf lokaler und globaler Ebene nicht herumkommen, um die Klima- und Energiewende sowie die Transformation der Gesellschaft zu schaffen, aber wichtiger ist die Einsicht, dass ein »Weiter so« keine Option ist und wir uns gemeinsam auf den Weg in eine nachhaltige Zukunft machen.

WEGE IN DIE NACHHALTIGKEIT

Jeder, der an unendliches Wachstum
auf einem physisch begrenzten Planeten glaubt,
ist entweder verrückt oder ein Ökonom.

— David Attenborough,
Naturwissenschaftler

Mit dem bisherigen CO_2-basierten Leben mit übermäßigem Konsum treiben wir die Abwärtsspirale für unseren Planeten jeden Tag weiter an. Die wichtigste Aufgabe zur Begrenzung der Klimakrise ist es daher, die CO_2-Emissionen sowie die CO_2-Subventionen so schnell wie möglich auf null zu fahren und gleichzeitig in erneuerbare und damit klimafreundliche Energietechnologien zu investieren. Dazu gehören Solar-, Wind- und Wasserkraft inklusive der Gezeiten- und Wellenenergie, aber auch Erdwärme und in zunehmendem Maße Wasserstoff. Idealerweise sollten diese bereits mit grüner Energie produziert werden, um wirklich klimaneutral zu sein. Hinzu kommt die Einführung einer Kreislaufwirtschaft, in der Abfall nicht mehr die Regel, sondern die Ausnahme ist. Diese große Herausforderung kann nur bewältigt werden, wenn Politik, Industrie und Wissenschaft in enger Abstimmung mit der Bevölkerung handeln. Die erste Aufgabe der Politik ist es, klimaschädliche Subventionen sofort abzubauen und die frei werdenden Mittel in klimafreundliche Projekte zu investieren. Allein in Deutschland stünden so jährlich 50 Milliarden Euro zur Verfügung, weltweit könnten es schätzungsweise fünf Billionen Euro sein. Das sind gewaltige Summen, mit denen die Energiewende effektiv beschleunigt werden könnte. Nicht nur der Energiewende würde es helfen, bürokratische Hürden abzubauen und damit auch Genehmigungsverfahren zu beschleunigen.

Da die hochindustrialisierten Nationen den Klimawandel maßgeblich verursacht haben und sich dieses CO_2 immer noch etwa zur Hälfte in der Atmosphäre befindet, müssen sie eine Vorreiterrolle einnehmen und damit auch grüne Technologien entwickeln und zur Serienreife bringen. Eine nachhaltige Zukunft bedeutet aber weit mehr, als nur auf die fossilen Brennstoffe zu verzichten. Es bedeutet auch eine Abkehr vom Narrativ des immerwährenden Wirtschaftswachstums. In einer Welt mit endlichen Ressourcen und mehr als acht Milliarden Menschen ist unbegrenzt wachsender Konsum nicht mehr möglich. »Weniger ist mehr« wird in Zukunft der neue Luxus sein. Galt es bis vor Kurzem noch als Privileg, viele Flugmeilen gesammelt zu haben, wird es heute immer bedeutsamer, eine gute CO_2-Bilanz vorzuweisen. Wer heute noch mit Flugmeilen prahlt, ist definitiv »von gestern«. Das zeigt schon, dass wir sehr wohl in der Lage sind, Narrative auf den Prüfstand zu stellen und durch zeitgemäße zu ersetzen, denn auch sie haben ein Verfallsdatum.

Deswegen gehört die Erzählung vom unendlichen Wachstum durch immer mehr Konsum auf den Prüfstand. Die Devise vieler lautet: Je mehr wir haben, desto glücklicher sind wir. Es ist aber offensichtlich, dass auch die Superreichen nicht glücklicher und zufriedener sind. Ihr Handeln ist sogar noch zerstörerischer als das der meisten, und die Rechnung zahlen nicht sie, sondern die Erde und die Natur. Wie absurd müssen wir es noch treiben, bis wir merken, dass diese Erzählung vom ständigen Wirtschaftswachstum nicht mehr funktioniert? Meiner Meinung nach sollte materieller Reichtum ein

Ausdruck dafür sein, dass es genug zu teilen gibt, für uns, für die Ökosysteme und für die Erde. Im gleichen Sinne sollten Macht, Führung und Autorität genutzt werden, um in übergeordneten Strukturen weise, gerecht und hilfsbereit zu sein.

So beinhaltet die Transformation der Gesellschaft in eine nachhaltige Zukunft auch den Umstieg in eine Kreislaufwirtschaft, in der die eingesetzten anorganischen und organischen Rohstoffe immer stärker wiederverwendet werden. Dadurch kann der Raubbau an der Erde und die damit verbundene Umweltzerstörung und -verschmutzung auf ein Minimum reduziert werden. Übernutzte Ökosysteme an Land und in den Ozeanen brauchen Zeit, um sich zu regenerieren. Sie nachhaltig zu nutzen, bedeutet, ihnen nicht mehr zu entnehmen, als sie im gleichen Zeitraum auf natürlichem Wege wiederaufbauen können. Dazu müssen wir die Meere vom Plastikmüll befreien und zerstörten Naturräumen helfen, sich zu regenerieren. Zwar ist es grundsätzlich richtig, dass man der Natur am besten hilft, wenn man sie sich selbst überlässt, aber viele Ökosysteme sind bereits so sehr aus dem Gleichgewicht geraten, dass sie unsere aktive Hilfe, also unser Wissen über ihre ursprüngliche Zusammensetzung und Funktionsweise, benötigen, um langfristig wieder funktionieren zu können. In diesen sich langsam erholenden Ökosystemen kann sich die verbliebene Artenvielfalt regenerieren und wieder vermehren.

DIE WEISHEIT DER INDIGENEN

Wir sind ein Teil der Erde,
und die Erde ist ein Teil von uns.
Der Mensch schuf nicht das Gewebe des Lebens,
er ist darin nur eine Faser.
Was immer wir dem Gewebe antun,
das tun wir uns selber an.
Alles ist miteinander verbunden.

— HÄUPTLING SEE-AT-LA

Nicht nur die Wissenschaft warnt seit weit über 35 Jahren mit Messdaten, Modellrechnungen und Klimaprojektionen vor den Konsequenzen unseres Handelns. Auch die verbliebenen indigenen Völker der Welt erheben eindringlich und mahnend ihre Stimme gegen unser gefährlich kurzsichtiges Handeln. Doch ihre Worte verhallen, als wären sie nie gesprochen worden.

Das obige Zitat stammt von Häuptling See-At-La der Suquamish und Duwamish Native Americans, nach dem Seattle im Nordwesten der USA benannt ist. Er sprach diese weisen Worte im Jahre 1849, als die industrielle Revolution begann und die Zerstörung der Natur durch den Goldrausch ihren Höhepunkt erreicht hatte. Was wir heute physikalisch, mathematisch, biologisch und chemisch belegen können, war für die Urvölker bereits Jahrhunderte früher selbstverständlich. Sie gewannen dieses tiefe Naturverständnis aus der genauen Beobachtung ihrer Umgebung, der Pflanzen und Tiere und erkannten die offensichtlichen Zusammenhänge, die sich

daraus für ihr Verhalten in und mit der Natur ergaben. Sie lebten und agierten nach intuitivem Wissen. So heißt es in der bekannten Prophezeiung der Cree: »Erst wenn der letzte Baum gerodet, der letzte Fluss vergiftet, der letzte Fisch gefangen ist, werdet ihr merken, dass man Geld nicht essen kann.« Wir hätten gut daran getan, auf die naturverbundene Sichtweise der indigenen Völker zu hören.

Diese Einstellung der indigenen Völker zur Natur lässt sich über die Kontinente hinweg verfolgen. Sie beobachteten aufmerksam und achteten darauf, der Natur nicht mehr zu entnehmen, als sie ihr zurückgaben. Nachhaltigkeit war für sie eine Selbstverständlichkeit, und sie erkannten an den offensichtlichen Kreisläufen der Natur, wie sehr ihr Überleben davon abhing. Für das, was sie der Natur entnahmen, gaben sie etwas zurück, indem sie zum Beispiel dort, wo sie Bäume fällten, neue pflanzten. Sie wussten auch, dass das Land, auf dem sie lebten, nicht ihnen gehörte, sondern der Erde. Solange sie in Symbiose mit der Natur lebten, erlaubte ihnen die Natur, dort zu leben, und sie ehrten das Land.

Diese Sichtweise mag romantisch gefärbt und im Detail einer Korrektur bedürfen. Aber der entscheidende Unterschied, den ich mit dieser Schilderung aufzeigen möchte, ist der Kontrast zu unserer heutigen Entfremdung von der Natur in unseren Industriegesellschaften. Es ist die Tatsache, dass wir unsere heutige naturzerstörende Lebensweise vollkommen normal und richtig finden und nicht mehr auf die weisen Ratschläge der Indigenen hören.

Um die Sichtweise der Naturvölker wieder in unseren Alltag einzubinden, kann es hilfreich sein, sich ihre Narrative

Subway Canyon. Dieser eingekeilte Baumstamm ist tief in den Windungen des Canyons versteckt, und der weglose Zugang nicht ohne Herausforderungen zu meistern.

einmal genauer anzuschauen. Sie erkannten in jedem Lebewesen, ob Tier oder Pflanze, eine individuelle Seele. Manche weiterten diese Sicht sogar auf die unbelebte Natur, die Luft, das Wasser und die Steine aus. Während meiner Aufenthalte in der Natur habe ich festgestellt, dass es völlig unerheblich ist, ob diese Sichtweise wissenschaftlich bewiesen werden kann oder nicht. Entscheidend ist, dass sie in der Lage ist, uns einen Perspektivwechsel im Umgang mit der Natur zu vermitteln: Wir sind Teil der Natur, und alle Lebewesen sind unsere Verwandten. Das lässt sich wissenschaftlich wiederum sehr gut belegen.

Als Geowissenschaftler habe ich mich jahrelang intensiv mit den Gesteinen der Erde beschäftigt, die mir in ihrer Vielfalt und ihrem teilweise nach Milliarden Jahren zählenden Alter sehr am Herzen liegen. Dabei habe ich gelernt, dass Steine wahre Geschichtenerzähler sind. Tatsächlich stammt das meiste Wissen über unseren Planeten von ihnen. Wenn man ihre geologische Sprache erlernt hat, offenbaren sie die faszinierende Geschichte der Erde. Ich kann nicht anders, als sie mit Ehrfurcht und Respekt in den Händen zu halten. So macht es mich immer wieder sprachlos, wenn Menschen, die mir bei meiner Arbeit begegnen, sagen, ich würde im Dreck wühlen. Für mich ist es eine Selbstverständlichkeit, dass auch Steine eine Seele haben, und ich muss mich dafür nicht einmal wissenschaftlich schämen, denn wir wissen ja sowieso nicht, was eine Seele ist und wo wir sie suchen sollen.

Fragmente der Vergangenheit. Hochexplosive Vulkane bestehen aus Lavaarten, die Andesit und Rhyolith genannt werden. Wenn sie verwittern entstehen daraus bunte Sande, deren Farbreichtum durch Eisenoxide hervorgerufen wird. Auf dem Colorado Plateau in Arizona sind diese Sande in einer Dünenlandschaft ineinander gerutscht und haben sich zu Sandstein verfestigt. Ihr Farb- und Formenreichtum ist spektakulär.

Eine solche Weltanschauung, ganz gleich wie richtig oder falsch sie auch sein mag, hebt die Erde in den Rang eines Lebewesens, einer Art Superorganismus. Das macht den entscheidenden Unterschied im Umgang mit der Erde aus. Ein toter Klumpen aus Gestein, der um die Sonne kreist, lässt sich viel leichter und hemmungsloser ausbeuten als Mutter Erde mit einer Seele. Beides sind Narrative, die wir als Menschheit erfunden haben. Es gibt sogar Narrative, die wir erfunden haben und die uns schmunzeln lassen, wenn sie mit einem Augenzwinkern vorgetragen werden, wie von George Carlin, der sagte: »Religion hat es tatsächlich geschafft, die Menschen davon zu überzeugen, dass es einen unsichtbaren Mann gibt, der im Himmel lebt und alles beobachtet, was sie tun, und zwar jede Minute des Tages.« Es ist an uns, welche Narrative wir uns künftig erzählen.

Der indigene Stamm der Cherokee in Nordamerika hält eine wundervolle Metapher für die Wahl zwischen dem zerstörerischen und dem bewahrenden Narrativ bereit. Es ist die Geschichte von den zwei Wölfen. Ein alter Cherokee saß mit seinem Sohn am Lagerfeuer und erzählte ihm seine Lebensweisheit: Wir alle haben zwei Wölfe in unserer Brust. Der eine ist weiß, der andere schwarz. Der schwarze Wolf ist voller Zorn, Neid, Eifersucht, Lüge, Gier und Hass. Er repräsentiert die dunkle Seite in uns. Der weiße Wolf hingegen ist voller Frieden, Liebe, Hoffnung, Demut, Mitgefühl, Gerechtigkeit und Wahrheit. Er repräsentiert alles Gute in uns. Die beiden Wölfe kämpfen ständig um die Vorherrschaft in uns. Da fragt sein Sohn voller Spannung: Welcher Wolf gewinnt? Der Alte antwortete: Der, den du am meisten fütterst.

Diese Geschichte stellt uns vor die konkrete Frage, ob wir in Zukunft als Bewahrer oder weiterhin als Zerstörer unseres Planeten agieren wollen. Die Entscheidung liegt bei uns – bei jedem Einzelnen von uns, denn wir sind alle ein Teil der Weltgemeinschaft und damit der Narrative, die wir verbreiten.

Wir stehen als Menschheit an einem bedeutenden Wendepunkt, und es liegt an uns, diese Verantwortung zu erkennen und anzunehmen. Wir haben es in der Hand, ob wir den Weg der Nachhaltigkeit und Empathie gehen, um wieder in ein Gleichgewicht mit der Natur zu kommen, oder ob wir als intelligente Wesen die ersten in der langen Geschichte des Lebens auf der Erde sind, die an ihrem eigenen rücksichtslosen Handeln untergehen.

Auf dem Weg in eine nachhaltige Zukunft geht es nicht darum, wieder in die Höhle am Lagerfeuer zurückzukehren und täglich mit wilden Tieren zu kämpfen. Es geht auch nicht darum, auf den Komfort unserer Zivilisation zu verzichten. Es geht vielmehr darum, verantwortungsvoll mit den Ressourcen der Erde umzugehen, die Ökosysteme zu schonen und zu schützen und uns so schnell wie möglich von den fossilen Brennstoffen zu verabschieden. All dies bedeutet keineswegs Rückschritt oder Verzicht, sondern im Gegenteil, es bedeutet den Aufbruch in ein neues, besseres Zeitalter, in dem wir der Natur etwas zurückgeben, uns in sie integrieren und das bewahren, was sie uns großzügig zur Verfügung stellt. Es ist eine Rückbesinnung auf das, was wir vergessen haben.

TEIL 2

VERSTEHEN

103 — 259

← **Die Ruhe vor dem Sturm.** In der Bergwildnis der Rocky Mountains finden sich zahlreiche malerische Bergseen, die von majestätischen Gipfeln und dichten Wäldern umgeben sind. Die Seen entstanden in den ausgekolkten Übertiefungen, die die Gletscher nach der letzten Eiszeit zurückließen. Teilweise wurden sie durch Felsstürze zusätzlich aufgestaut. Das Gestein besteht aus Granit, Gneis und Migmatit, einem wunderschönen, farbig gebänderten Gestein, das durch teilweise Aufschmelzung der Gneise entstand. Freigelegt wurden diese tiefen Gebirgswurzeln durch die Verwitterung und die schürfende Kraft der Gletscher. Diese Aufnahme entstand während eines kräftigen Gewitters, nur Sekunden später setzte ein Starkregen ein.

WIE VERSTÄNDNIS UNS ZUM HANDELN BRINGEN KANN

Wir reden viel darüber, mehr zu geben.
Wir reden nicht darüber, weniger zu nehmen.
Wir reden viel darüber, wovon wir mehr machen sollten.
Wir reden nicht darüber, wovon wir weniger tun sollten

— ANAND GIRIDHARADAS,
KÜNSTLER UND AUTOR

Im ersten Teil des Buches ging es mir vor allem darum, dass wir die multiplen Krisen, vor denen wir als Menschheit stehen, in ihrer ganzen Tragweite erkennen und uns für sie verantwortlich fühlen. In diesem Teil des Buches möchte ich den Erkenntnisgewinn wissenschaftlich vertiefen und erweitern, damit wir auch verstehen, was die Veränderungen in der Natur bewirken und wie sie sich auf unser Leben auswirken. Aus diesem Grund greife ich auch immer wieder Themen aus dem ersten Teil des Buches auf, denn ich halte es für wichtig, dass wir rund um die Themen Klimawandel, Raubbau an der Erde, Übernutzung der Ökosysteme und Artensterben zwar leidenschaftlich, aber auch sachlich korrekt argumentieren. Nur so können wir als Gruppe der Erdenhüter und Naturbewahrer zahlreicher werden, Zweifler von den Fakten überzeugen und Politiker auf den Pfad der Nachhaltigkeit bringen.

Der Zustand unserer Erde ist bestürzend. Er macht mich betroffen und lässt mich sehr emotional werden. Wir Menschen verändern unseren Planeten mit zunehmender Geschwindigkeit so stark, dass wir das gegenwärtige Erdzeitalter als Anthropozän bezeichnen. Im Altgriechischen bedeutet ánthropos der Mensch. Als die letzte große Vereisung des Pleistozäns vor fast 12 000 Jahren endete, begann das Holozän, ein wärmerer Abschnitt im Eiszeitzyklus, den wir in der Wissenschaft als Zwischeneiszeit bezeichnen. Bereits im Holozän wurde der Mensch immer mehr zum Landschaftsgestalter. Zuerst starben die großen Säugetiere durch übermäßige Bejagung aus. Mit der Sesshaftigkeit und der Ausbreitung der Landwirtschaft stieg der Holz- und Platzbedarf, dem viele Urwälder zum Opfer fielen. Zum ersten Mal in der Geschichte des Planeten ging der Aufstieg des Menschen mit dem Niedergang der Natur einher.

Spätestens mit der industriellen Revolution um 1850 begann das Anthropozän. Mit der Erfindung immer effizienterer Maschinen schuf der Mensch eine vollkommen neue Sphäre im Erdsystem, die Technosphäre. Mit den Maschinen gelang es dem Menschen, den Planeten immer schneller nach seinem Belieben umzugestalten und die Ökosysteme immer effizienter auszubeuten. Die Ausbeutung der Bodenschätze, der von uns ausgelöste Klimawandel, die systematische Umweltzerstörung, die Übernutzung und Zerstörung vieler Ökosysteme, der Rückgang der Biodiversität und das damit einhergehende Artensterben – all dies sind Folgen unseres Handelns. Die Auswirkungen dieser Wunden der Erde in den großen, übergeordneten Zusammenhang des Planeten und seiner Natur zu stellen, zu verstehen und zu bewerten, ist mir im Folgenden ein besonderes Anliegen.

Mit den Erkenntnissen der Erdsystemforschung verstehen wir heute, wie unsere Erde funktioniert, wie ihre Bestandteile in Raum und Zeit miteinander verwoben sind und wie empfindlich sie voneinander abhängen und aufeinander reagieren. Damit erkennen wir auch immer deutlicher, welche Rolle wir Menschen im System der Erde spielen, und beginnen zu begreifen, dass wir so nicht weitermachen können. Der Weg, den wir als Menschheit bisher gegangen sind, führt uns in eine Sackgasse. Wenn wir Menschen uns im Spiegel der Natur betrachten, dann ist die ehrliche Erkenntnis: Die zerstörerischen Auswirkungen unseres Handelns passieren aus der Sicht der Erde und der Natur plötzlich, abrupt, spontan. Die belebte Welt kann sich an die Geschwindigkeit unserer Veränderungen nicht mehr anpassen. Es gab in der Erdgeschichte bereits ähnlich abrupte Veränderungen, wie der Asteroideneinschlag vor 65 Millionen Jahren. Unser Vorteil ist, dass wir alle wissen, was daraufhin mit den Dinosauriern und den Ökosystemen geschah, die vom Einschlag betroffen waren. Sie verschwanden von der Erde und wurden nach einer Zeit der Leere durch den Aufstieg der Säugetiere und neue Ökosysteme ersetzt. Der gewaltsame Untergang der Saurier hat unsere Existenz erst ermöglicht. Wie wir sehen werden, sind wir heute wieder auf dem Weg in eine solche grundlegende Veränderung, nur dass sie diesmal von uns Menschen selbst verursacht wird. Die Gefahr liegt dabei in der Geschwindigkeit, mit der wir den Eingriff in das Erdsystem vornehmen. Das ist auch der Grund, weshalb unser Narrativ des unendlichen Wachstums von Wirtschaft und Wohlstand sein Verfallsdatum überschritten hat.

Wir werden sehen, warum es auf komplexe Fragen keine einfachen Antworten gibt. Die einzige einfache Schlussfolgerung ist, dass wir die CO_2-Emissionen so schnell wie möglich beenden und die Ökosysteme nachhaltig nutzen müssen. Doch wie die Weltgemeinschaft dies erreichen kann, ist wiederum komplex.

Die Auswirkungen unseres Handelns auf das Erdsystem lassen sich fast nie mit »wenn wir A tun, passiert B« erklären. Deshalb fällt es uns so schwer, die Folgen unseres Handelns richtig einzuordnen. Wie wir an vielen Beispielen sehen werden, löst eine Handlung A über eine komplexe Wirkungskette der ineinandergreifenden Bestandteile des Erdsystems eine Kaskade von Reaktionen aus, also B, C, D, E, F etc., und dies zudem mit zeitlicher Verzögerung, oft sogar in ganz anderen Regionen der Erde, sodass am Ende die Wirkung Z steht. Mit Z haben wir natürlich nicht gerechnet und reiben uns verwundert die Augen, weil unser kurzsichtiges Handeln die Komplexität der Natur unterschätzt. So kann es zu unser aller Erstaunen und Entsetzen passieren, dass Z vor der eigenen Haustür eintritt und uns, wie im Falle der Ahrtalflut, das Haus wegspült und die zunehmenden Extremwetterereignisse immer lebensbedrohlicher werden.

Dieses Dickicht der physikalischen, chemischen und biologischen Verzahnungen des Erdsystems in Raum und Zeit zu verstehen und daraus Handlungsstrategien für uns Menschen abzuleiten, ist die große Herausforderung der Erdsystemwissenschaften. Dieser faszinierenden Aufgabe widme ich mich mit Leib und Seele. So kann ich dazu beitragen, dass wir unsere wundervolle Erde und die Vielfalt der Natur wieder wertschätzen, uns als Teil von ihr begreifen und wieder darüber staunen können, wie alles mit allem zusammenhängt. In Zukunft wieder mit der Natur, statt gegen sie zu leben, bedeutet nicht, dass wir uns wesentlich einschränken oder verzichten müssen. Im Gegenteil, dieser Ansatz bietet neue Chancen und Möglichkeiten. Er wird uns langfristig viel Geld sparen, saubere Luft, schadstofffreies Wasser und gesunde Nahrung bringen und dazu beitragen, soziale Gerechtigkeit auf diesem Planeten zu schaffen. Auf diese Weise können wir eine enkeltaugliche Welt hinterlassen. Gegenwärtig geht die Zunahme unseres Wohlstands mit dem Rückgang der Artenvielfalt einher, die unsere Lebensgrundlage bildet. Wir sollten die Welt um uns herum deshalb nicht mehr nur als Umwelt, sondern vor allem als Mitwelt begreifen. Die Natur kann uns nämlich gar nicht umgeben, da wir ein Teil von ihr sind.

Sobald wir uns der Natur mit Verstand, offenem Auge und fühlendem Herzen zuwenden, verlieren die Schreckgespenster namens Veränderung, Einschränkung, Transformation, Verbot, Reglementierung, Besteuerung und erhobener Zeigefinger ihre Bedeutung. An ihre Stelle treten Verständnis, innere Einsicht und der Wunsch, helfen zu wollen. Wir dürfen nicht länger warten und hoffen, dass den Politikern auf Klimakonferenzen der große Wurf gelingt. Vielmehr muss der Wandel aus unseren Gesellschaften heraus erfolgen und von möglichst vielen Menschen mitgetragen und gelebt werden, damit auch die Politik einlenkt. Sogar die Industrie in Deutschland zieht inzwischen weitgehend mit und fordert von der Politik endlich entschlossenes Handeln und verlässliche Vorgaben, damit sie langfristig planen kann. Das sollten wir auch tun – und darüber hinaus unbeirrt für Frieden, Freiheit, Demokratie, Menschenrechte, Gerechtigkeit, Klimaschutz und Nachhaltigkeit eintreten und dafür auch immer wieder demonstrieren. Sich aktiv für den Schutz der Erde und ihrer Natur einzusetzen, ist ein hohes Gut.

UNSER FEHLENDES GESPÜR FÜR KOHLENDIOXID

Wir sind die erste Generation,
die die Auswirkungen des Klimawandels spürt,
und die letzte Generation,
die etwas dagegen tun kann.

— BARACK OBAMA, 44. PRÄSIDENT DER VEREINIGTEN STAATEN

Aus recht offensichtlichen Gründen leugnet niemand die Existenz von Plastikmüll. Wozu auch, ist er doch überall sichtbar, an Land und in den Meeren. Die Kohlendioxidzunahme als Grund für die globale Erwärmung zu verdrängen oder gar zu negieren, erscheint vielen offenbar viel attraktiver, denn CO_2 ist ein unsichtbares, farbloses, geruchloses und damit nicht wahrnehmbares Gas. Es macht in den heutigen Konzentrationen weder krank, noch ist es giftig. Im Gegenteil, es ernährt sogar die Pflanzen, die es für ihre Fotosynthese benötigen. Offenbar Grund genug für die Menschheit, es sorglos und gedankenlos durch die Verbrennung der fossilen Energieträger Erdöl, Erdgas und Kohle in die Atmosphäre zu entlassen. Hinzu kommt unsere mangelnde Sensibilität für sein komplexes Wirken im Erdsystem: Im natürlichen Klimasystem wirkt es als unsichtbares Lebenselixier, und doch wird es im Anthropozän zum großen Problem. Ohne CO_2 gäbe es uns nicht, aber zu viel davon ist hochgradig gefährlich. So wie der übermäßige Konsum von Zucker, Alkohol und Tabak unserem Körper schadet, so ist es auch für das zusätzlich von uns freigesetzte atmosphärische CO_2.

Lassen wir also für einen Moment unserer Fantasie freien Lauf. Stellen wir uns vor, unsere Sinne könnten unsere CO_2-Emissionen aus der Verbrennung von Öl, Gas und Kohle deutlich wahrnehmen und von natürlichen Quellen unterscheiden: Wie würden wir reagieren, wenn das anthropogene CO_2 das Blau des Himmels dauerhaft in ein schmutziges Braun verwandeln würde, die Luft nach faulen Eiern stinken, bitter auf der Zunge schmecken, Tinnitus verursachen, die Finger taub machen oder gar Hautkrebs verursachen würde? Bei jeder dieser erfundenen Nebenwirkungen hätten wir sofort etwas dagegen unternommen. Stattdessen lassen wir das CO_2 ungehemmt unsere Welt erwärmen, und dies in einem Rekordtempo, dass es inzwischen sogar unsere Lebensgrundlage bedroht.

Tatsächlich gibt es ein Pendant zur Ozonschicht in der Stratosphäre. Niemand hat sich bei der Verwendung der vermeintlich harmlosen FCKW vorstellen können, dass die Atmosphäre darauf mit der Zerstörung des lebenswichtigen Ozons in der Stratosphäre reagiert. Die FCKW wurden vor allem in den Industrieländern freigesetzt. Ausgewirkt haben sie sich jedoch zuerst im Ozonloch über der Antarktis und in der Folge auch uns in Europa eine höhere Dosis an UV-Strahlung beschert. In diesem Fall haben wir sofort nach Bekanntwerden der Wirkung und Gefährlichkeit der FCKW gehandelt, ihre Produktion weitgehend verboten und dies völkerrechtlich verbindlich überwacht. Der Grund für dieses schnelle und energische Handeln war das stark gestiegene Risiko von Hautkrebs und Erblindung.

Wir müssen verstehen und akzeptieren, dass es im System Erde auch Wechselwirkungen zwischen uns Menschen und der Natur gibt, die gefährlich sind, auch wenn wir ihre Auswirkungen nur indirekt und mit erheblicher zeitlicher Verzögerung zu spüren bekommen. Denn wie das CO_2 in der Atmosphäre wirkt, wird allein von den Naturgesetzen bestimmt und nicht davon, ob es mit unseren Sinnen wahrnehmbar ist.

Bei der Verbrennung der fossilen Energieträger Erdöl, Erdgas und Kohle und ihrer zahlreichen Derivate wie Schweröl, Heizöl, Benzin, Diesel, Kerosin oder Briketts entsteht nicht nur Energie oder Strom für den Antrieb unserer Welt. Der in all diesen Stoffen gespeicherte Kohlenstoff C, das C steht für Carbonium, verbindet sich mit dem Sauerstoffmolekül O_2 zu der chemischen Reaktion $C + O_2 = CO_2$. Dadurch nimmt der Sauerstoffgehalt der Atmosphäre sogar ab. Da die Atmosphäre aber rund 21 Prozent Sauerstoff enthält, ist der Sauerstoffverlust durch die Verbrennung der fossilen Energieträger gering und für uns ungefährlich. Gefährlich ist dagegen die schnelle Zunahme des Treibhausgases CO_2 und damit der Temperatur der unteren Atmosphäre. Dieser Zusammenhang ist pure Physik und lässt uns keinerlei Interpretationsspielraum.

Bei einem Vortrag über das Erd- und Klimasystem im Rahmen einer Fridays-for-Future-Veranstaltung habe ich vor 300 lebhaften Schülern eines Gymnasiums gefragt, wer der Meinung wäre, dass der gesamte Treibhauseffekt der Erde klimaschädlich sei und am besten sofort gestoppt werden sollte. Zustimmend flogen sämtliche Hände in die Höhe, inklusive die der meisten Lehrer. Ich antwortete, dass wir damit gerade das Ende des höheren Lebens auf der Erde besiegelt hätten, denn die mittlere globale Temperatur der Erde würde in diesem Fall von den wohligen +15 Grad Celsius auf lebensfeindliche -18 Grad Celsius absinken. Im Saal mit den bislang lebhaften Schülern hätte man eine Stecknadel fallen hören, und ich blickte in schockierte Gesichter. Wenn wir über das Klimasystem und Auswege aus der menschengemachten Klimakrise diskutieren, müssen wir auch immer aufpassen, dass wir richtig argumentieren.

Der Treibhauseffekt der Erde, der durch die Menge des atmosphärischen Kohlendioxids in einem dynamischen Gleichgewicht gesteuert wird, hat nämlich zwei Komponenten – eine natürliche und eine von uns Menschen zusätzlich verursachte.

Erstere ist, wie wir im ersten Teil des Buches gesehen haben, lebenswichtig, da dieser natürliche Effekt die Temperatur der Erde maßgeblich steuert. Gegenwärtig erhöht er die Temperatur der Erde um enorme 33 Grad Celsius, von den erwähnten -18 Grad Celsius auf die lebenserhaltenden +15 Grad Celsius. Gesteuert und aufrechterhalten wird der Treibhauseffekt über Zeiträume von Jahrhunderten bis Jahrtausenden im Wesentlichen durch die Emissionen der Vulkane. Dadurch gelangen jährlich etwa 200 Millionen Tonnen in die Atmosphäre. Diese natürlichen CO_2-Emissionen sind notwendig, da CO_2 auf natürlichem Wege in ebenso langen Zeiträumen auch wieder abgebaut wird. Auf diese Weise stellt sich ein dynamisches Gleichgewicht ein, das dadurch verändert wird, dass entweder die Quellen in der Atmosphäre überwiegen – und die Temperatur steigt – oder die Senken überwiegen – und die Temperatur sinkt. Auch dies wird im Wesentlichen durch die Zunahme oder Abnahme der Vulkanaktivität gesteuert. Diesen 200 Millionen Tonnen CO_2 pro Jahr aus vulkanischen Emissionen stehen derzeit 37 000 Millionen Tonnen pro Jahr gegenüber, die von uns Menschen verursacht werden. Dass dies nicht ohne Folgen für das Weltklima bleiben kann, liegt auf der Hand.

Der Wasserkreislauf ist ein effektiver Mechanismus, um der Atmosphäre CO_2 zu entziehen, da es sich im Regenwasser löst und dabei schwach konzentrierte Kohlensäure bildet. Wenn Vulkane nicht schnell genug nachliefern, wie es in Zeiten relativer tektonischer Ruhe der Fall ist, kann die Atmosphäre auf diese Weise über Zeiträume von Jahrtausenden langsam an CO_2 verarmen. Vor 750 bis 580 Millionen Jahren geschah dies bereits zweimal. Dabei erstarrte der Planet zu einem Schneeball, mit globalen Mitteltemperaturen an der Schneeoberfläche von -50 Grad Celsius. Das Leben, das zu dieser Zeit nur aus Bakterien bestand, wich an die heißen Quellen der Vulkanschlote in der Tiefsee aus. Wir nennen diese Epoche das Kryogenium, besser bekannt als Schneeball-Erde. Wieder waren es positive, also sich selbst verstärkende Rückkopplungsschleifen, die diese Achterbahnfahrt des Klimas in Gang setzten. Es war eine Zeit, in der sich am Äquator ein Superkontinent bildete, der alle Landmassen vereinte. Wir haben ihn Rodinia getauft. Mit seinem Zusammenschluss ebbte der Vulkanismus auf ein Minimum ab, wodurch der Wasserkreislauf die Oberhand gewann. Er entzog der Atmosphäre so lange CO_2, bis die Temperaturen so niedrig waren, dass die Ozeane weltweit zufroren. Der Planet wurde zum Schneeball. Dies wiederum stoppte den Wasserkreislauf, da kein Wasser mehr aus den Ozeanen verdunsten konnte. So konnte das atmosphärische CO_2 weder in die Ozeane zurückgelangen noch an Land über die Gesteinsverwitterung durch Regenwasser abgebaut werden.

Erst als der äquatornahe Superkontinent wieder zerfiel, pumpten unzählige neue Vulkane durch die Risse in den Kontinenten bei wieder anlaufender Plattentektonik große Mengen CO_2 in die Luft. Das beendete den globalen Eiszeitzustand, und innerhalb von zehn Millionen Jahren verwandelte sich die Erde in eine Sauna. Die mittlere globale Temperatur stieg auf +50 Grad Celsius. Durch den extremen Wasserkreislauf wurde das CO_2 durch Regen wieder aus der Atmosphäre ausgewaschen. Die Erde hat diesen Schneeball-Sauna-Zyklus zweimal durchlaufen. Es war die einmalige Konstellation äquatorialer Kontinente und der Ozeanbecken des Superkontinents Rodinia, die zu diesen extremen Klimakapriolen führten. Solche Bedingungen haben sich bis heute nicht wiederholt, aber wir können viel daraus lernen. Denn es gibt einen entscheidenden Unterschied zum Kryogenium: die enorme Vielfalt des Lebens und das komplexe Netzwerk der Ökosysteme, die sich an die von uns Menschen verursachten rasanten Veränderungen nicht mehr anpassen können.

Zum natürlichen Treibhauseffekt von 33 Grad Celsius hat die Menschheit eine mittlere globale Erwärmung von +1,2 Grad

Celsius hinzugefügt, Tendenz steigend. Das mag im Vergleich zum natürlichen Treibhauseffekt zunächst wenig erscheinen. Das Gegenteil ist aber der Fall, weil wir uns so schwertun, in irdischen Zeitmaßstäben zu denken. Wir verursachen derzeit den höchsten CO_2-Gehalt in der Atmosphäre seit mindestens zwei Millionen Jahren. Damals war es zwei bis drei Grad wärmer als heute. Zudem ist der Gehalt der zusätzlichen Treibhausgase Methan (CH_4) und Lachgas (N_2O) auf dem Höchststand seit mindestens 800 000 Jahren. All dies wurde in nur 170 Jahren verursacht – gegenüber zwei Millionen Jahren natürlicher Variabilität mit zahlreichen Eiszeitzyklen.

Wenn von einer Erwärmung von +1,2 Grad Celsius die Rede ist, so ist damit der globale Mittelwert gemeint. Nach Angaben der Weltmeteorologischen Organisation (WMO) haben sich die Landoberflächen im Jahr 2024 mit +1,8 Grad Celsius bereits deutlich stärker erwärmt als das oberflächennahe Wasser der Ozeane mit +1,0 Grad Celsius. Zudem ist die Erwärmung der Landflächen sehr unterschiedlich. So erwärmt sich die Alpenregion doppelt und die Arktis sogar drei- bis viermal so schnell wie das globale Mittel.

Glück und Unglück zugleich ist, dass nicht alles CO_2, das wir freisetzen, in der Atmosphäre verbleibt, da diese in enger Wechselwirkung mit den Ozeanen und der Biosphäre steht. Tatsächlich akkumulieren sich deswegen bislang nur 43 Prozent unserer CO_2-Sünden in der Atmosphäre. Gemittelt über fünf Jahre, speichern die Ozeane, die ständig mit Kohlendioxid untersättigt sind, 28 Prozent dieses CO_2, und die Biosphäre nimmt weitere 29 Prozent für ein üppigeres Wachstum auf. Zusammen nehmen Ozeane und Biosphäre derzeit 57 Prozent unseres zusätzlichen CO_2 auf. Diese »Geschenke« bekommen wir aber nicht zum Nulltarif, denn diese CO_2-Senken haben auch negative Folgen. Dazu gehören im Ozean das Korallensterben und der verringerte Sauerstoffgehalt vieler Ozeangebiete sowie der

← **Aqua Crystalline.** Seltene lange Kälteperioden lassen die Jökulsárlón-Gletscherlagune auf Island vollständig zufrieren, so dass ein Zugang zu den eingefrorenen Eisbergen möglich ist. Dies geht mit Sturmwinden aus Norden einher, die die schwarze Vulkanasche über die Landschaft wehen und so die Schmelzformen der Eisberge zu einem Kunstwerk der Natur machen. Das Bild vermittelt einen guten Eindruck davon, wie der tiefgefrorene Planet zur Zeit des Kryogeniums aussah.

sinkende pH-Wert des Ozeanwassers, der den Säuregrad erhöht. An Land stammen bereits 11 Prozent der CO_2-Emissionen aus der veränderten Landnutzung und der Abholzung der Wälder.

Seit 1850 ist der CO_2-Gehalt der Atmosphäre durch unsere Aktivitäten um 50 Prozent von 0,028 Prozent auf heute 0,042 Prozent angestiegen. Dieser Zuwachs innerhalb von etwa 170 Jahren hat zu dem erwähnten Höchststand des atmosphärischen CO_2-Gehalts seit mindestens zwei Millionen Jahren geführt. Die Tragweite dieser Zahlen wird erst deutlich, wenn man die Schwankungsbreite des CO_2-Gehalts zwischen den Eiszeiten mit 0,180 Prozent CO_2-Gehalt und den dazwischen liegenden Warmzeiten mit 0,028 Prozent CO_2-Gehalt betrachtet. Zwischen einer Eiszeit und einer anschließenden Warmzeit ist der CO_2-Gehalt der Atmosphäre also um 56 Prozent gestiegen, in etwa 10 000 Jahren. Wir Menschen haben die Atmosphäre in nur 170 Jahren um 50 Prozent erwärmt. Damit haben wir den Planeten aus seinem natürlichen Eiszeitzyklus herauskatapultiert und die Ökosysteme vor extrem große und vielleicht unlösbare Anpassungsprobleme gestellt. Die Temperaturrekorde der letzten Jahre werden immer wieder von noch höheren Werten abgelöst. Im Jahr 2023 lagen die Temperaturen in Deutschland 2,4 Grad Celsius über dem vorindustriellen Wert, der Winter 2023/2024 war sogar 3 Grad zu warm.

Seit der Industrialisierung ist auch der Methangehalt (CH_4) der Atmosphäre durch unsere Aktivitäten um 156 Prozent auf 0,00019 Prozent angestiegen. Es entweicht vor allem aus Kuhmägen, Reisfeldern, Kohlebergwerken und tauenden Permafrostböden. Die Methankonzentration ist zwar erheblich geringer als die von CO_2, aber Methan ist, pro Masseneinheit über 100 Jahre gemittelt, ein 21-mal wirksameres Treibhausgas als Kohlendioxid. Es hat jedoch den Vorteil, dass es auf natürlichem Wege innerhalb von nur zehn Jahren weitgehend abgebaut wird. Ein weiteres wichtiges Treibhausgas ist Distickstoffoxid (N_2O), auch Lachgas genannt, das hauptsächlich aus stark gedüngten Böden stammt, aber ebenfalls bei der Verbrennung fossiler Energieträger freigesetzt wird. Es stieg um 23 Prozent auf 0,00003 Prozent.

Das mit Abstand wichtigste Treibhausgas in der Atmosphäre mit einem Anteil von etwa zwei Dritteln am Treibhauseffekt ist allerdings der Wasserdampf, jenes unsichtbare Gas, das in Form winziger Tröpfchen zu Wolken wird. Sobald die Luft zu 100 Prozent gesättigt ist, kondensiert der Wasserdampf an kleinen Schwebeteilchen, den Aerosolen, in der Luft. Es ist je nach Klimazone mit weniger als 1 Prozent in den Polargebieten und bis zu 4 Prozent in der feuchten Luft der Tropen in der Atmosphäre enthalten und steuert den Wasserkreislauf. Sein Gehalt in der Atmosphäre wird durch die stark temperaturabhängige Verdunstung an der Oberfläche geregelt. Außerdem kann warme Luft viel mehr Wasserdampf aufnehmen als kalte. Dies ist vor allem der Grund für die oft trockene Luft und den tiefblauen Himmel in den Polarregionen. In den Tropen dagegen ist die Atmosphäre aufgrund des hohen Wasserdampfgehalts meist diesig und schwülfeucht. Wegen seiner starken Temperaturabhängigkeit wird der Wasserdampf auch als CO_2-Folger bezeichnet. Die Menge an CO_2 bestimmt, wie warm die Atmosphäre ist. Damit diktiert sie dem Wasser, wie viel davon als Wasserdampf in die Atmosphäre verdunsten kann. Der maximal mögliche Wasserdampfgehalt der Luft steigt mit jedem Grad um etwa 7 Prozent, d.h., durch den menschgemachten Klimawandel

befindet sich im Mittel bereits über 7 Prozent mehr Wasserdampf in der Atmosphäre. Diese Eigenschaft des Wasserdampfes wirkt als zusätzlicher Treibstoff für Wetterextreme.

Für unseren CO_2-Ausstoß gilt also: zu schnell, zu viel, zu lange. Was wir seit der Industrialisierung freigesetzt haben, ist immer noch etwa zur Hälfte in der Luft. Aus den Augen ist eben nicht aus dem Sinn. Im Klartext: Selbst wenn wir ab sofort kein zusätzliches CO_2 mehr freisetzen würden, könnten erst unsere Nachfahren nennenswert davon profitieren. Das bedeutet aber auch, dass jede Tonne CO_2, die wir zusätzlich freisetzen, den CO_2-Gehalt in der Atmosphäre weiter erhöht. Deshalb ist es so wichtig, zu verstehen, dass wir den Klimawandel bestenfalls begrenzen, aber auf lange Zeit nicht mehr umkehren können. Um Ersteres zu erreichen, dürfen wir kein CO_2 mehr emittieren. Um Letzteres zu erreichen, müssen wir das CO_2, das wir freigesetzt haben, wieder aus der Atmosphäre entfernen und in die natürlichen Speichersysteme der Erde zurückführen.

Zwischen dem kältesten Zeitpunkt der letzten Eiszeit vor 20 000 Jahren und der wärmsten Periode im Klimaoptimum vor 7000 Jahren lag eine Zeitspanne von 13 000 Jahren und ein mittlerer Temperaturanstieg von vier Grad Celsius. Allerdings war es während der Eiszeit im globalen Mittel auch etwa vier Grad kälter als heute und vor 7000 Jahren annähernd so warm wie heute. Wenn wir weiterhin fast ohne Klimaschutz agieren, könnten wir bis 2100 die Marke von plus vier Grad Celsius Erwärmung erreichen. Damit stünden 13 000 Jahre natürlicher Wandel einer gleich großen, von uns verursachten Erwärmung in nur 250 ahren gegenüber. Das ist 52-mal schneller als der natürliche

Eingang ins verzauberte Reich. Der Aufenthalt in dieser außerirdisch anmutenden Eishöhle mit ihren tiefblauen Schmelzwasserformen im Svínafellsjökull Gletscher im isländischen Skaftafell, war ein ehrfurchtgebietendes Erlebnis, dass von ständigen Knack- und Knirschgeräuschen des kriechenden Eises begleitet wurde.

Wandel. In den letzten 170 Jahren haben wir die Erdoberfläche bereits 19-mal schneller erwärmt, als es der natürliche Wandel vermochte. Wenn wir uns allerdings auf die große Beschleunigung der letzten Jahrzehnte beschränken, fällt die globale Erwärmung sogar 100-mal schneller als der natürliche Wandel aus.

Wenn wir so weitermachen, werden wir das +1,5-Grad-Celsius-Ziel des Pariser Klimaabkommens um das Jahr 2030 verfehlen. Deutschland soll, so hat es der Bundestag beschlossen, im Jahr 2045 treibhausgasneutral sein. Das bedeutet, dass bis dahin die noch existierenden Treibhausgasemissionen durch vergrößerte Treibhausgassenken ausgeglichen werden müssen.

Angesichts dieser Zahlen ist es eine rein akademische Frage, wie viel CO_2 die Menschheit oder ein Land noch emittieren dürfte, bis wir das Ziel des Pariser Abkommens reißen. Es lässt sich nämlich berechnen, wie viel anthropogenes CO_2 in die Atmosphäre gelangen darf, abzüglich dessen, was die Ozeane und die Biosphäre aufnehmen, um die Erwärmung der Atmosphäre auf deutlich unter zwei Grad Celsius zu begrenzen. Die Antwort lautet: 2800 Milliarden Tonnen, von denen wir 91 Prozent bereits freigesetzt haben, also rein rechnerisch noch 9 Prozent, also 252 Milliarden Tonnen CO_2. Da wir derzeit etwa 37 Milliarden Tonnen CO_2 pro Jahr ausstoßen, haben wir einen Handlungszeitraum von wenigen Jahren, in denen es uns gelingen muss, unsere Emissionen auf null zu reduzieren. Daraus lässt sich auch errechnen, dass wir ohne Gegenmaßnahmen bereits im Jahr 2050 eine Klimaerwärmung von zwei Grad Celsius überschreiten würden.

In diesen Szenarien ist allerdings berücksichtigt, dass die Ozeane und die Biosphäre wie bisher ihren Beitrag zur CO_2-Reduktion der Atmosphäre leisten. Ob dies jedoch der Fall sein wird, wenn wir die Natur weiterhin so überlasten, ist ein gefährliches Experiment.

KLIMAUNGERECHTIGKEIT UND GENERATIONENVERANTWORTUNG

Business as unusual.
There is no business on a dead planet.

— Anita Roddick, Unternehmerin

So wahr die Aussage ist, dass alle Erdenbürger Teil des Problems sind und damit zu den tiefgreifenden Wunden der Erde beitragen, so sehr muss aber auch differenziert werden, dass nicht alle Menschen einen gleich großen Anteil daran haben. Auch die Beiträge der einzelnen Länder sind sehr unterschiedlich, und die Generationenverantwortung der Industrienationen verschärft die Klimaungerechtigkeit zusätzlich. Es lohnt sich daher, diese Zusammenhänge und ihre Ursachen genauer zu betrachten.

Es ist eine traurige Tatsache: Während die Reichen immer reicher werden, verarmen die Armen in den meisten Ländern, und auch die Mittelschicht schrumpft. Diese zunehmende soziale Ungleichheit birgt nicht nur Sprengstoff für unsere Gesellschaften, sondern spiegelt sich auch deutlich im Klimawandel und seinen Folgen für die Natur wider. Denn jedes System, das zu stark aus dem Gleichgewicht gerät, sei es in der Natur oder in unserem sozialen Gefüge, wird instabil. Sobald das dynamische Gleichgewicht einen Kipppunkt erreicht, bricht das bestehende Gefüge zusammen und wird durch ein neues ersetzt. Wie nahe wir diesem Kipppunkt bezüglich unserer Gesellschaften und dem Zustand der Natur bereits sind, belegen die Zahlen, die im Oxfam-Bericht »Inequality

Inc« von 2023 veröffentlicht wurden. Demnach haben fünf der reichsten Männer der Welt, deren Namen wir alle kennen, ihr Vermögen seit 2020 von 405 auf 791 Milliarden US-Dollar fast verdoppelt. Im gleichen Zeitraum sind die ärmsten 60 Prozent der Weltbevölkerung, also mehr als 4,7 Milliarden Menschen, deutlich ärmer geworden. Die Gründe dafür liegen auf der Hand: Sie leiden überproportional unter den Auswirkungen und Belastungen der Corona-Pandemie, dem damit verbundenen Einbruch der Weltwirtschaft, der gleichzeitig steigenden Inflation und den Folgen aktueller Kriege und Konflikte.

Auch in Deutschland ist das Gesamtvermögen der Superreichen seit 2020 sprunghaft von etwa 89 auf rund 155 Milliarden US-Dollar angestiegen. Das entspricht einem inflationsbereinigten Zuwachs von über 70 Prozent. Weltweit konnten die Superreichen ihr Vermögen seit 2020 um sagenhafte 3,3 Billionen US-Dollar steigern. Damit kontrolliert weltweit 1 Prozent der Reichsten 43 Prozent des gesamten Finanzvermögens. In Deutschland sind es mit 41,1 Prozent nicht viel weniger.

Aus diesen Zahlen erwächst mehr als nur eine enorme soziale Verantwortung. Sie sind Zündstoff für Konflikte in unseren Gesellschaften, denn diese offensichtliche Ungerechtigkeit lässt sich nicht mehr mit höherer Leistung oder Fleiß der Reichen erklären. Sie spiegelt sich vielmehr direkt in den extrem hohen und klimaschädlichen Emissionen der Reichen wider. So sind die reichsten 10 Prozent für 49 Prozent, also fast die Hälfte aller klimaschädlichen Emissionen verantwortlich. Grund dafür ist ihr exzessiver Lebensstil und Konsum. Mit ihren Privatjets, Luxusjachten, Fuhrparks und Villen verursacht jeder einzelne Superreiche pro Jahr so viel CO_2 wie 40 andere Erdenbürger in ihrem ganzen Leben. Das ist nicht nur ungerecht, Superreiche zerstören dadurch auch viel mehr Natur als Normalbürger.

Das entbindet die breite Mittelschicht unserer Industriegesellschaften aber nicht von ihrer Verantwortung. Wir verursachen enorme 44 Prozent der CO_2-Emissionen. Die übrigen vier Milliarden der ärmsten Menschen dieses Planeten, also die Hälfte der Weltbevölkerung, verursachen dagegen nur 7 Prozent der weltweiten CO_2-Emissionen.

Angesichts dieser Zahlen wird die Kluft deutlich, die sich zwischen den CO_2-Bilanzen der Industrienationen und der Entwicklungsländer auftut. Das Problem ist vor allem bei uns in den Industrienationen zu suchen und zu lösen. Eine durchschnittliche Familie in Schwellen- und Entwicklungsländern hat in der Regel keine zwei Autos, keine rund um die Uhr laufenden Kühltruhen, Heizungen und Klimaanlagen. Sie fliegen auch nicht mehrmals im Jahr in den Urlaub, um dort in einer Wegwerfgesellschaft mit All-inclusive-Service in klimatisierten Hotels zu residieren. Auch Reisen auf Kreuzfahrtschiffen gehören nicht zum Alltag von Familien im globalen Süden. Sie kaufen auch seltener völlig unnötige Produkte und genießen keine importierten Steaks aus südamerikanischen Rinderfarmen. Für all diese typischen Aktivitäten unserer Industrienationen werden Unmengen an CO_2 und Methan ausgestoßen, die Natur ausgebeutet, verschmutzt und Ökosysteme degradiert. Deshalb ist es nicht nur ungerecht, sondern schlichtweg falsch, den Klimawandel, den Raubbau an der Erde, die Übernutzung der Natur und das Artensterben auf die armen, bevölkerungsreichen Regionen der Erde zu schieben.

Um die Zahlen zu dieser Ungleichheit richtig zu deuten und vergleichen zu können, werden sie in Pro-Kopf-Emissionen umgerechnet. Diese können im Detail unter https://ourworldindata.org/ für das Jahr 2023 eingesehen werden. Da es sich bei der Pro-Kopf-Maßzahl um eine Durchschnittsgröße handelt, wird die Verteilung und Ungleichheit innerhalb der Bevölkerung eines Landes dabei allerdings nicht berücksichtigt.

Die Liste der größten CO_2-Emissionen wird erwartungsgemäß von den Erdöl exportierenden Ländern angeführt, allen voran Katar mit 38 Tonnen pro Kopf und Jahr, gefolgt von den Vereinigten Arabischen Emiraten, Bahrain und Kuwait mit jeweils mehr als 25 Tonnen pro Kopf und Jahr. Mit 15 Tonnen pro Kopf und Jahr trägt jeder Einwohner der USA und Australiens zum Klimawandel bei, dicht gefolgt von Kanada und Russland. Mit acht Tonnen pro Kopf und Jahr liegt Deutschland auf dem Niveau vieler industrialisierter europäischer Länder. China liegt derzeit auf dem gleichen Niveau wie Deutschland.

Wo rangieren in diesem Vergleich die Schwellenländer und der globale Süden? Spitzenreiter ist Malaysia mit fast neun Tonnen pro Kopf und Jahr, gefolgt von Südafrika mit knapp sieben Tonnen. Chile, Argentinien und Mexiko kommen auf gut vier Tonnen, Indonesien, Brasilien und Indien kommen auf knapp über zwei Tonnen pro Kopf und Jahr.

Darunter liegen Namibia, die Philippinen, Syrien, Pakistan, Sri Lanka und Bangladesch. Jemen, Afghanistan, Mali, Tansania, Äthiopien, Madagaskar und viele andere afrikanische Staaten weisen noch deutlich niedrigere Emissionen auf.

Diese Zahlen zeigen, dass die ärmeren Länder im Vergleich zu den Industrienationen einen deutlich geringeren Anteil an den globalen CO_2-Emissionen haben. Dieses Bild wird noch dadurch verzerrt, dass die Industrienationen die Rohstoffe, die Natur und die billigen Arbeitskräfte der ärmeren Länder bewusst nutzen, um ihren Wohlstand weiter zu steigern.

Diese Zahlen werden noch erschütternder, wenn man sie über Generationen hinweg aufsummiert. Da etwa die Hälfte des von uns emittierten CO_2 langfristig in der Atmosphäre verbleibt, ist ein Großteil des seit der industriellen Revolution freigesetzten CO_2 noch immer in der Atmosphäre vorhanden. Da die Industrienationen um 1850 massiv mit dem Ausstoß von CO_2 begannen und viele Länder diesem Trend der Industrialisierung erst mit erheblicher Verspätung folgten, sind wir in den hoch entwickelten Ländern hauptsächlich für den CO_2-Anstieg in der Atmosphäre, aber auch für die Ausbeutung der irdischen Ressourcen und Ökosysteme verantwortlich. Ein Teil des Aufstiegs der Industrienationen beruht also auf der Ausbeutung der armen Länder. Zudem gilt einmal mehr, dass der Reichtum der Menschen mit der Verarmung der Natur einhergeht.

So sind die CO_2-Emissionen der einzelnen Länder, bezogen auf die Gesamtemissionen der Menschheit von 1750 bis 2022, dort am höchsten, wo die industrielle Revolution begann. An der Spitze liegt laut https://ourworldindata.org/ im Jahr 2023 Europa mit 30,6 Prozent, gefolgt von den USA mit 24,1 Prozent. Innerhalb Europas tragen England mit 4,5 Prozent, Deutschland mit 5,3 Prozent und Frankreich mit 2,2 Prozent zur kumulierten globalen CO_2-Belastung bei. Danach zeigt sich, wie schnell China aufgeholt hat, mit einem Anteil von 14,7 Prozent an den weltweiten Emissionen. Erwähnenswert sind noch Russland mit 6,7 Prozent, Indien mit 3,4, Kanada mit 2,0, Australien mit 1,1 und Brasilien mit 1,0 Prozent.

Nach Weltregionen sortiert, zeigt sich inzwischen, wie stark Asien aufgeholt hat. So führt Asien die Rangliste mit 32,6 Prozent der CO_2-Emissionen an, wobei China, Russland und Indien die Hauptlast tragen. An zweiter Stelle liegt Europa mit 30,1 Prozent, gefolgt von Nordamerika mit 27,7 Prozent. Der gesamte afrikanische Kontinent trägt dagegen nur 2,9 Prozent bei, gefolgt von Südamerika mit 2,5 Prozent.

Diese Zahlen lassen sich auch nach dem Einkommen der Länder sortieren und zeigen damit deren Wohlstand und Verantwortung für das Klimaproblem und den Schwund der Natur. Die reichen Länder der Erde sind für 56,5 Prozent der CO_2-Emissionen verantwortlich, gefolgt von den Ländern mit einem Lebensstandard der oberen Mittelschicht mit

30,4 Prozent. Die Länder der unteren Mittelschicht tragen noch 10,1 Prozent bei, während die armen Länder der Welt, in denen die Hälfte der Weltbevölkerung lebt, nur 0,6 Prozent beisteuern. Hinzu kommen der internationale Schiffsverkehr mit 1,5 Prozent und der internationale Flugverkehr mit 0,9 Prozent. Auch diese Zahlen gehen fast ausschließlich zulasten der Länder mit gehobenem Lebensstandard.

Somit entfallen 99,4 Prozent der kumulierten CO_2-Emissionen zwischen 1750 und 2022 auf das Konto der wohlhabenden Länder. Im vergangenen Jahrzehnt stammten 90 Prozent dieser Emissionen aus der Verbrennung fossiler Energieträger, die restlichen 10 Prozent aus veränderter Landnutzung, meist der Entwaldung und der Trockenlegung von Mooren.

Diese unbequemen Wahrheiten lassen sich nicht verdrängen, leugnen oder wegdiskutieren. Sie legen den Finger tief in die Wunden der Erde. Zum Teil sind die Probleme historisch aus Unkenntnis der Zusammenhänge entstanden. Mit unserem zunehmenden und inzwischen umfassenden Wissen über die Komplexität der Natur und die unzähligen Wechselwirkungen zwischen unseren Aktivitäten und dem Klima der Erde ist es uns dennoch bislang nicht gelungen, diesem Wissen tatkräftige Handlungen folgen zu lassen. Diese von uns verursachten essenziellen Krisen stellen uns vor höchste Anforderungen an unsere Intelligenz, Kreativität, Flexibilität und Anpassungsfähigkeit.

Wenn wir also von sozialer Gerechtigkeit und Klima- sowie Naturgerechtigkeit sprechen, dann sind die Reichen dieser Welt am stärksten gefordert, ihren überbordenden Lebensstil zu ändern. Mit diesem Reichtum geht eine erhebliche Verantwortung einher, die dazu genutzt werden sollte, Klimaschutz, Umweltschutz, Erhalt der Artenvielfalt und soziale Gerechtigkeit zu fördern, statt wie bisher Klimawandel und Artensterben zu befördern und die soziale Schere weiter zu öffnen. Durch eine solche Umverteilung könnten auch zwischenmenschliche und gesellschaftliche Spannungen in den hoch industrialisierten Gesellschaften effektiv reduziert werden. Ziel einer solchen umverteilenden Gerechtigkeit ist es, den CO_2-Ausstoß nicht nur drastisch zu reduzieren, sondern ganz zu vermeiden und zudem intensiven Naturschutz zu betreiben.

Nicht nur der Platz ist auf unserem Planeten begrenzt. Auch seine anorganischen und organischen Ressourcen sind endlich. Zudem benötigt die Biosphäre Zeit, um sich von unseren Eingriffen zu erholen. Da die Weltbevölkerung weiter anwächst und im Jahr 2023 erstmals die Acht-Milliarden-Grenze überschritten hat, können wir Nachhaltigkeit nur erreichen, wenn wir die Ressourcen gerechter verteilen und möglichst viel davon wiederverwenden. Unser Planet und die Lebewesen in den Ökosystemen sind mit unserem Lebensstandard völlig überfordert. »Weniger ist mehr« ist der Luxus der Zukunft. Energie ohne CO_2-Emissionen, Produkte, die lange genutzt und repariert werden können, pflanzliche Nahrung aus regionalem Bio-Anbau, sauberes Wasser und viel weniger Abfall sind der Maßstab für eine nachhaltige Zukunft.

Ein Maß für die Ressourcenübernutzung ist der Erdüberlastungstag, der vom Global Footprint Network errechnet wird. Er berücksichtigt den ökologischen Fußabdruck menschlicher Aktivitäten und umfasst die CO_2-Emissionen aus der Verbrennung von Öl, Gas und Kohle für Energie, Transport und Industrie sowie die Landnutzung, den Verlust natürlicher Lebensräume einschließlich Entwaldung, Urbanisierung und Landwirtschaft. Hinzu kommen die Überfischung und Verschmutzung der Ozeane sowie der Wasserverbrauch und die Wasserverschmutzung. Der Erdüberlastungstag kennzeichnet das Datum im Jahr, an dem wir die Kapazität der Erde, die natürlichen Ressourcen zu regenerieren, überschritten haben. Er zeigt uns damit auch, welche Nachhaltigkeitsanforderungen die

Erde an uns stellt, denn idealerweise dürften wir diesen Tag nie erreichen. Läge er auf dem 31. Dezember, könnten die Erde und ihre Ökosysteme unseren Verbrauch an natürlichen Ressourcen gerade noch regenerieren. Seit 1970 übernutzen wir unseren Planeten aber systematisch, und der Erdüberlastungstag fällt seitdem auf ein immer früheres Datum. Im Jahr 2023 fiel er global betrachtet auf den 2. August Das bedeutet, dass wir 1,7 Erden benötigen, um unseren Wohlstand zu erhalten, obwohl wir nur diese eine Erde haben. Welchen dominanten Anteil die Industrieländer daran haben, wird am Beispiel Deutschlands deutlich, denn wir haben den Erdüberlastungstag im Jahr 2023 bereits am 4. Mai erreicht. Das bedeutet, dass wir Deutschen bereits drei Erden benötigen, um unseren Wohlstand zu erhalten. Die USA erreichen diesen Tag bereits Mitte März und verbrauchen damit fünfmal mehr, als die Erde hergibt. Dass es so nicht weitergehen kann, liegt auf der Hand.

Wichtig ist auch, einen Blick auf den Hauptbeitrag der Übernutzung in Deutschland zu werfen, die CO_2-Emissionen. Rund 30 Prozent davon stammen aus der Nutzung von Strom und Wärme. Wenn wir unsere Wohnungen nur ein wenig kühler halten und Stromverbraucher tags und nachts bei Nichtgebrauch konsequent ausschalten, sparen wir nicht nur viel Geld, sondern tun auch viel Gutes für das Klima. Weitere 25 Prozent emittieren wir im Verkehrssektor, davon 11 Prozent mit dem Pkw, 5 Prozent mit dem Lkw, 4 Prozent mit dem Schiff und rund 3 Prozent mit dem Flugzeug. Nur 2 Prozent entfallen auf Lieferwagen. Den Verbrauch der Autos zu senken, ist also der richtige Schritt. Der drittgrößte CO_2-Emittent ist die Industrie mit 19 Prozent. Weitere 10 Prozent entfallen auf die Herstellung von Beton und die restlichen 16 Prozent auf die Landwirtschaft und den Müllsektor.

EIN LOCH IN DER OZONSCHICHT

> *Wenn etwas wie ein Teufelskreis aussieht, steckt der Teufel manchmal nicht im Detail, sondern im Kreis.*
>
> — MAJA GÖPEL, POLITÖKONOMIN UND NACHHALTIGKEITSWISSENSCHAFTLERIN

Auch an der lebenswichtigen Ozonschicht in der Stratosphäre hat sich der Mensch bereits vergriffen. Dass dies wie ein unvorhersehbarer Unfall über uns kam, zeigt einmal mehr, welch gefährliches Experiment mit unbekanntem Ausgang wir mit unserem Planeten durchführen. So hat uns das Ozonloch erneut vor Augen geführt, wie komplex das Erdsystem ist und wie empfindlich es auf vermeintlich harmlose Eingriffe reagieren kann. Vermeintlich harmlos war dieser Eingriff in die Natur aber nur deshalb, weil wir den Zusammenhang zwischen der Freisetzung von halogenierten Kohlenwasserstoffen, besser bekannt als Fluorchlorkohlenwasserstoffe oder kurz FCKW, und der Zerstörung der Ozonschicht weder kannten noch ahnten.

Die FCKW schienen ideal für unsere Zwecke. Da sie völlig ungiftig sind, wurden sie in großen Mengen als Kältemittel in Kühlschränken, als Treibmittel in Spraydosen, als Lösungsmittel, zur Reinigung und für zahlreiche militärische Anwendungen eingesetzt. Ihre Herstellung erfolgte durch chemische Reaktionen zwischen Chlor, Fluor und den Kohlenwasserstoffen Methan, Ethan und Propan. FCKW sind in der Luft gasförmig und gelangten auch in die hohe Atmosphäre. Wie sich rasch nach der Entdeckung des Ozonlochs über der Antarktis herausstellte, wirken sie in der Ozonschicht nur in speziellen Wolken und bei Temperaturen unter –80 Grad Celsius ozonzerstörend. Was wir ebenfalls nicht bedacht hatten, war die Tatsache, dass die Verweilzeit der ozonzerstörenden FCKW in der Atmosphäre in der Größenordnung von 50 bis 100 Jahren liegt, bevor sie auf natürlichem Wege wesentlich abgebaut werden. Obwohl die Produktion und Verwendung dieser Stoffe im Wissen um ihre Gefährlichkeit seit 1994 gesetzlich massiv eingedämmt wurden, bleibt uns das Ozonloch trotzdem noch lange erhalten. Es beginnt sich langsam wieder zu schließen, und das ist schon eine gute Nachricht, denn es zeigt, dass wir durchaus in der Lage sind, auf unsere Fehler korrigierend zu reagieren. Eine Regenerierung der Ozonschicht auf Werte wie vor der FCKW-Zeit kann allerdings frühestens um das Jahr 2050 erwartet werden. Hätten wir auch diese Entwicklung ignoriert, könnten wir uns heute nicht mehr ohne Lebensgefahr im Sonnenlicht aufhalten.

Die für uns lebenswichtige Ozonschicht befindet sich in der Stratosphäre, der Atmosphärenschicht über der Troposphäre, in der sich unser Wetter abspielt. Je nach Klimazone liegt sie in einer Höhe von zehn bis 16 Kilometern. Dort ist die UV-Strahlung der Sonne so intensiv, dass sie Sauerstoffmoleküle (O_2) in jeweils zwei Sauerstoffatome ($O + O$) aufspalten kann. Jedes dieser hochreaktiven Sauerstoffatome verbindet sich rasch mit einem Sauerstoffmolekül zu dreiwertigem Sauerstoff, dem Ozon ($O_2 + O = O_3$). Die so entstehende Ozonschicht filtert 90 Prozent der lebensfeindlichen Anteile der UV-Strahlung der Sonne heraus. Wie wichtig dieser natürliche UV-Schutz ist, wird deutlich, wenn wir uns vergegenwärtigen, dass die restlichen 10 Prozent ausreichen, um bei uns Landlebewesen Sonnenbrand und sogar Hautkrebs zu verursachen.

Die Ozonschicht ist über den Polargebieten in Höhen von zehn bis 25 Kilometern am ausgeprägtesten. In den Tropen liegt sie in Höhen zwischen 16 und 30 Kilometern. In diesen Höhen befinden sich über 90 Prozent des gesamten Ozons, und nur geringe Anteile werden bis in die untere Atmosphäre herabgemischt. Diese Ozonschicht darf man sich jedoch nicht als kompakte Barriere vorstellen. Ozon ist wie CO_2 ein Spurengas mit einem äußerst geringen Anteil von 0,0008 Prozent an der Atmosphäre. Würde sich sämtliches Ozon am Erdboden konzentrieren, wäre diese Schicht nur drei Millimeter dick. Dieser »Hauch von Nichts« verteilt sich vertikal kilometerweit in der Stratosphäre und ermöglicht das Leben aller Pflanzen und Tiere an Land.

Die hohe Sonneneinstrahlung in den Tropen verursacht die stärkste Ozonbildung. Dieser tropische Ozonüberschuss wird durch die Zirkulation in der Stratosphäre bis in die polaren Regionen transportiert und bildet so einen globalen Schutzschild. Der Ozonabbau in den hohen geografischen Breiten, vor allem in den Polargebieten, wird durch den ständigen Nachschub aus den Tropen kompensiert, sodass sich ein natürliches, dynamisches Gleichgewicht zwischen Ozonproduktion und Ozonzerstörung einstellt. Ein einzelnes Ozonmolekül hat dabei nur eine Lebenserwartung von wenigen Tagen bis Monaten.

Durch die Absorption der harten UV-Strahlung erwärmt sich die Ozonschicht in der Stratosphäre stark, und so kann die Lufttemperatur in 30 Kilometer Höhe bis auf null Grad Celsius ansteigen. Dies hat enorme Auswirkungen auf die gesamte Atmosphäre der Erde und das Leben. In der Troposphäre, in der sich unser Wetter abspielt, nimmt die Temperatur mit zunehmender Höhe stetig ab, sodass Wasserdampf aufsteigen, zu Wolken kondensieren und als lebensspendender Regen wieder zu Boden fallen kann. Am Oberrand der

← **Zauberhaft in Schwarz.** Kurz vor Mitternacht geht im Mittsommer Islands der Vollmond über den Felsnadeln von Reynisdrangar an der Küste am Vik Strandur auf. Dieses »Gummilicht« trennt die noch im Sonnenlicht liegende hohe Atmosphäre vom tiefen Schatten der Nacht in Bodennähe. Es ist der Gegendämmerungsbogen, oft auch Venusgürtel genannt. Ich nenne es liebevoll Gummilicht, weil es so unwirklich aussieht. Fotografisch ist die sonnenabgewandte Seite meist die spannendere.

Troposphäre, der Tropopause, herrschen Temperaturen von -50 bis unter -80 Grad Celsius. Da es in der Stratosphäre durch die Wirkung des Ozons mit zunehmender Höhe wieder wärmer wird, unterbindet dies Vertikalbewegungen. So wirkt die Grenze zwischen Troposphäre und Stratosphäre wie eine Sperrschicht für Wettervorgänge. Diese Inversion, also die Zunahme der Temperatur mit der Höhe, verhindert effektiv, dass der lebensspendende Wasserdampf in Höhen aufsteigt, in denen er von der kurzwelligen UV-Strahlung der Sonne aufgespalten werden kann. Genau das geschah in den Atmosphären von Venus und Mars. Ohne Leben, das Sauerstoff produziert, der sich in der hohen Atmosphäre zu Ozon verbindet, verloren diese Planeten ihr Wasser an den Weltraum und wurden zu lebensfeindlichen Welten.

Die tiefen Temperaturen am Oberrand der Troposphäre lassen zudem den Wasserdampf ausfrieren und als Eiskristalle zurück zum Boden fallen. So bleibt er dem Wasserkreislauf der Erde erhalten. Diese sogenannte Wasserdampffalle ermöglichte es dem Leben, den Planeten erfolgreich zu erobern. Das Leben selbst hat dann durch die Produktion von Sauerstoff mithilfe der Fotosynthese wesentlich zur Gestaltung des Planeten beigetragen. Durch den biogenen Sauerstoff der frühen riffbildenden Cyanobakterien mit ihren Stromatolithbauten, die wir im ersten Teil des Buches kennengelernt haben, konnte dieser Sauerstoff aus den Ozeanen in die Atmosphäre entweichen und stand so für den Aufbau der Ozonschicht zur

Verfügung. Ohne unsere Urahnen, die Cyanobakterien, gäbe es keinen Sauerstoff, kein Ozon und damit vermutlich weder Wasser noch Leben auf der Erde. Das Leben hat sich damit seine lebensfreundlichen Bedingungen selbst geschaffen und sorgt seitdem für seinen Erhalt auf der Erde. Man kommt nicht umhin, hier von einer Art Symbiose zwischen Leben und Erde zu sprechen, die in der Gaia-Hypothese ihren Ausdruck findet. Dass wir Menschen in diese eingespielten Kreisläufe so zerstörerisch eingreifen, ist angesichts dieser komplexen Wirkketten der Natur mehr als fahrlässig.

Wie bei allen dynamischen Gleichgewichten muss das entstehende Ozon auch wieder abgebaut werden. Sonst würde sich mit der Zeit sämtlicher Sauerstoff in Ozon umwandeln und uns vergiften und ersticken. Der natürliche Abbau von Ozon erfolgt auf verschiedenen Wegen. Durch Absorption von UV-Strahlung zerfällt es in ein Sauerstoffmolekül und ein Sauerstoffatom, die wieder zu Ozon rekombinieren können. Trifft dagegen ein Ozonmolekül auf ein freies Sauerstoffatom, so zerfällt es in zwei Sauerstoffmoleküle. Vor allem chlorhaltige Verbindungen sind in der Lage, Ozon effektiv zu zerstören. Dies geschieht hauptsächlich über der Antarktis, aber auch über der Arktis. Am Ende einer mehrmonatigen Polarnacht fallen dort die Temperaturen in der hohen Atmosphäre teilweise auf Werte unter -80 Grad Celsius. Unter diesen Bedingungen entstehen in zwölf bis 20 Kilometer Höhe polare Stratosphärenwolken, kurz PSC für »Polar Stratospheric Clouds«. Diese natürlichen Wolken bestehen aus Schwefelsäure, Salpetersäure und Wasser, an die sich chlorhaltige Gase anlagern können. Diese Bestandteile stammen vorwiegend aus Vulkanen. Diese ozonabbauenden Chlorverbindungen entstehen unter diesen Bedingungen auf natürliche Weise, sind aber wegen ihrer geringen Konzentrationen nicht für das Ozonlochproblem verantwortlich, sondern reduzieren lediglich den natürlichen Überschuss des Ozons über den Polarregionen. Zu diesen Gasen gehören Chlormethan, chemisch CH_3HCl, und Chlorwasserstoff der Salzsäure, chemisch HCl.

Die von uns freigesetzten FCKW hingegen setzen eine komplexe, sich selbst erhaltende chemische Reaktionskette in Gang, die zur teilweisen Zerstörung der Ozonschicht führt. Sobald am Ende der Polarnacht die Sonne wieder scheint, spaltet die UV-Strahlung die FCKW auf. Dabei entstehen aus den zerfallenden Fluorchlorkohlenwasserstoffen mehr als 80 Prozent aller ozonzerstörenden Chlorverbindungen. Hinzu kommen Bromverbindungen, die ebenfalls ozonzerstörend wirken. Die aus den FCKW freigesetzten Chloratome wirken dabei als Katalysatoren, sodass ein einziges Chloratom, chemisch Cl, mehrere Tausend Ozonmoleküle aufspalten kann. Für diejenigen, die es genauer wissen wollen, ergeben sich daraus die beiden folgenden Reaktionsgleichungen: Aus $O_3 + Cl$ wird $O_2 + ClO$, und aus $ClO + O_3$ wird $Cl + 2O_2$. Entscheidend ist, dass das Chloratom diesen Ozonabbau unbeschadet übersteht und somit erneut in den zerstörerischen Zyklus eintreten kann.

Der Ozonverlust über der Antarktis erreichte Ende der 1980er-Jahre seinen Höhepunkt, als bis zu zwei Drittel des Ozons verloren gingen. Dass das Ozonloch über der Antarktis erheblich stärker ausgeprägt ist als über der Arktis und Nordeuropa, liegt vor allem an den unterschiedlichen Strömungsverhältnissen in der Stratosphäre. Über der Antarktis sorgt ein kräftiger und in sich geschlossener Polarwirbel in der Stratosphäre dafür, dass im Winter kaum Ozon aus den Tropen zuströmen kann. Dieser Wirbel wiederum entsteht dadurch, dass zwischen der Landmasse der Antarktis und den nördlich gelegenen Landmassen Südamerikas, Afrikas und Australiens sich der ringförmige Südliche Ozean befindet, dessen Meeresströmung den Kontinent um den Südpol thermisch vom Rest der Welt isoliert. In der Arktis dagegen ist der

Zustrom von Luft aus dem Süden häufiger und stärker, da die Land-Meer-Verteilung ungleichmäßiger ist. Der Polarwirbel über der Antarktis endet erst im Frühjahr, wenn wieder vermehrt Ozon aus den Tropen in die antarktische Stratosphäre gelangt und das Ozonloch wieder aufgefüllt wird.

Die verminderte Absorption der UV-Strahlung im Ozonloch kühlt die sich ausdünnende Ozonschicht weiter ab und fördert dadurch die stärkere Bildung von PSC-Wolken, was einen weiteren Abbau des Ozons zur Folge hat. Die Abkühlung der Stratosphäre durch den Ozonschwund ist ein gefährlicher Trend in die falsche Richtung, da die Erwärmung der Stratosphäre durch die Absorption von Ozon ein Zeichen für eine intakte Ozonschicht ist.

Die Ozonschicht hat auch eine faszinierende Wirkung auf die optischen Erscheinungen am Himmel. Sie sorgt nach Sonnenuntergang und vor Sonnenaufgang für die von Fotografen so geschätzte blaue Stunde und lässt den graublauen Erdschatten scharf abgegrenzt erscheinen. Das Ozon schwächt dann besonders die grünen und etwas die gelb-roten Anteile der Sonnenstrahlung, lässt aber die blauen Anteile ungehindert passieren, sodass der Himmel violett-blau erscheint. Wird Ozon bei Temperaturen unter -112°C verflüssigt, zeigt es seine tiefblaue Farbe. Der Erdschatten müsste wegen der Zunahme der streuenden Partikel in den tiefen Luftschichten eine stark verwaschene Obergrenze aufweisen und eigentlich grau sein. Stattdessen zeichnet die Ozonschicht einen scharfen Rand und färbt ihn intensiv graublau. Zwischen dem Erdschatten und dem tiefen Blau der blauen Stunde liegt ein schmaler rosafarbener Streifen, dessen surreales Licht ich als Fotograf sehr schätze.

So lebenswichtig das Ozon in der oberen Atmosphäre ist, so giftig ist es, wenn es in zu hoher Konzentration in der Atemluft vorkommt. Atembeschwerden und Augenreizungen sind die Folge. Ozon hat einen unverkennbar stechenden Geruch, der ihm auch seinen Namen gegeben hat, denn das Wort Ozon stammt aus dem Griechischen und bedeutet schlicht und einfach »riechen«. Dass wir Ozon an heißen Sommertagen riechen können, liegt daran, dass wir die Atmosphäre mit Stickoxiden verschmutzen. Der Stickstoff stammt aus den Abgasen der Verbrennungsmotoren. In einer chemischen Reaktion entsteht unter Zugabe von Sonnenlicht aus Stickstoffdioxiden und Kohlenwasserstoffen Stickstoffmonoxid. Dabei wird ein Sauerstoffatom freigesetzt, das sich sofort mit einem Sauerstoffmolekül zu Ozon verbindet. Diese fotochemische Luftverschmutzung ist als bräunliche Dunstglocke aus NO_2 sichtbar.

Ich werde nie den Moment vergessen, als ich im Jahr 2008 auf dem Weg nach Peking war, um den Vorsitz der wissenschaftlichen Arbeitsgruppe IPWG (International Precipitation Working Group) zu übernehmen, die sich mit der Erforschung des Niederschlags und des Wasserkreislaufs befasst. Beim Landeanflug tauchte das Flugzeug plötzlich in eine so dichte, braune Dunstglocke ein, dass die Sicht auf den Boden erst möglich war, als die Maschine mit den Reifen den Boden berührte. Es waren eigentlich wolkenlose Tage in Peking, an denen man den Himmel vor lauter fotochemischem Smog nicht sehen konnte. Es war eine Qual, diese dreckige und stark nach Ozon riechende Luft einzuatmen. Leider trägt auch das Flugzeug, mit dem ich angereist bin, zu diesen schädlichen Emissionen bei. Es ist ein Teufelskreis, in dem wir alle gefangen sind und den es zu durchbrechen gilt.

DICKE LUFT UND DIE VIELFALT DER WOLKEN

Der gefährlichste Gedanke, den man als Bürger des Planeten haben kann, ist zu denken, dass jemand anders ihn retten wird.

— Katherine Hayhoe, Klimawissenschaftlerin

Die von uns emittierten Treibhausgase, allen voran Kohlendioxid und Methan, haben den Planeten im globalen Mittel bereits um 1,2 Grad Celsius erwärmt. Allerdings wird die globale Erwärmung durch einen gegenläufigen, kühlenden Effekt gebremst. Ohne ihn hätten die Treibhausgase allein schon zu einer Erwärmung von etwa 1,6 Grad Celsius geführt, womit wir die viel zitierten 1,5 Grad Celsius bereits überschritten hätten. Denn bei der Verbrennung der fossilen Energieträger Öl, Gas und Kohle entstehen neben dem CO_2 auch für unser Auge unsichtbare Schwebeteilchen in der Luft, die Aerosole. Sie streuen die Sonnenstrahlung zurück in den Weltraum und kühlen daher den Planeten mit etwa -0,4 Grad Celsius.

Den stärksten Kühleffekt unter diesen Schwebeteilchen haben die Sulfatteilchen, die aus dem Vorläufergas Schwefeldioxid, chemisch SO_2, in der Atmosphäre entstehen. Da alle fossilen Brennstoffe schwefelhaltig sind, entweicht dieser bei der Verbrennung als Gas in die Atmosphäre. In feuchter und verschmutzter Luft wachsen die zunächst sehr kleinen Teilchen zu einer Größe heran, bei der sie sichtbares Licht stärker streuen können. Es entsteht ein Dunstschleier, der nicht nur die Luft trübt, sondern auch die Rückstreuung der

Sonnenstrahlung in den Weltraum erhöht. Dies wiederum führt zu einer geringeren Einstrahlung an der Erdoberfläche und damit zu einer Abkühlung, die zusammen mit anderen von uns verursachten Aerosolen im globalen Mittel die erwähnten -0,4 Grad Celsius ausmachen. Diese kühlende Wirkung der Schwefel- und anderer Aerosole auf die Erderwärmung ist aber nichts, worauf wir stolz sein können. Der renommierte Klimaforscher Hartmut Graßl drückt es umgangssprachlich so aus: »Es ist, als wollten wir den Teufel mit dem Beelzebub austreiben.«

Zwischen 1950 und 1980 waren die Schwefeldioxid-Emissionen so hoch, dass es zu saurem Regen kam, der Gebäude und Fassaden erodierte, ein damals neuartiges Waldsterben auslöste und vor allem in Industrieregionen viele Menschen krank machte. In der Folge wurden Industrieanlagen mit Filtern ausgerüstet und eine Reihe weiterer Maßnahmen ergriffen, um den Schwefelanteil im Brennstoff direkt zu reduzieren und/oder bei der Verbrennung weitgehend abzuscheiden. Heute gibt es wieder ein verstärktes Waldsterben, diesmal ausgelöst durch extreme Trockenheit, Monokulturen und Schädlingsbefall.

Das gesundheitsschädliche Schwefeldioxid und den Feinstaub aus der Luft zu bekommen, ist heute vor allem Aufgabe der Schwellenländer. Sobald sich die Menschheit von fossilen Brennstoffen verabschiedet und ausschließlich auf

Wilde Gerlos. Das Wildgerlostal im österreichischen Nationalpark Hohe Tauern ist durch die schürfende Wirkung der Gletscher entstanden, in das sich heute die Wilde Gerlos einschneidet. Fotografisch sind Gewitter bei tief stehender Sonne von besonderem Reiz, vor allem wenn sie wie hier die Wolken und die 3303 Meter hohe Reichenspitze in eine dramatische Lichtstimmung hüllen. Gewitterwolken reichen durch alle drei Wolkenstockwerke hindurch bis an den Oberrand der Troposphäre und lassen so nur noch wenig Licht bis zum Erdboden gelangen.

regenerative Techniken zur Energieerzeugung setzt, wird die globale Mitteltemperatur um etwa 0,4 Grad Celsius ansteigen. Da sich die Landflächen bereits heute um 1,6 Grad Celsius erwärmt haben, liegt der wahre Wert durch die Emissionen von Treibhausgasen ohne die maskierende Bremswirkung der Aerosole bereits bei zwei Grad Celsius.

Wie Wolken auf den vom Menschen verursachten Klimawandel reagieren und ob sie den Planeten eher kühlen oder sogar erwärmen, ist Gegenstand intensiver Forschung. Es zeichnet sich ab, dass die Wolken insgesamt den Planeten eher aufheizen, ihn aber zumindest nicht abkühlen. Dass die Antwort der Wolken auf die Erwärmung so schwer zu beurteilen ist, liegt an der Vielfalt der Wolken. Es gibt tiefe, mittelhohe und hohe Wolken mit jeweils ganz unterschiedlichen Eigenschaften, und in allen drei Wolkenstockwerken können sie zudem dick oder dünn, hell oder dunkel, transparent oder undurchsichtig sein. Damit ist absehbar, dass sich jede Wolke anders auf den Strahlungshaushalt des Planeten auswirkt. Zudem bestehen Wolken überwiegend aus sehr kleinen Wolkentröpfchen oder Eisteilchen im Mikrometerbereich, haben aber zugleich horizontale Ausdehnungen von wenigen Metern bis hin zu Wolkenteppichen von Tausenden von Kilometern. Insgesamt bedecken Wolken gut 70 Prozent des Planeten. Angesichts dieser Bandbreite ihres unterschiedlichen Verhaltens ist es nicht verwunderlich, dass sich etwas so Komplexes wie Wolken einer einheitlichen Beurteilung oder gar einer Reduktion auf eine Zahl entziehen. So hängt es von einer Fülle an Details ab, ob die Reflexion des Sonnenlichts durch die Wolke stärker ist als die Behinderung der Wärmeabstrahlung in den Weltraum. Wenn ja, kühlt sie, wenn nein, erwärmt sie die Oberfläche.

Im Mittel wärmen hohe Wolken, tiefe Wolken kühlen. Zudem verändert der Klimawandel selbst die globale Wolkenverteilung. So hat sich das Wolkenband der inneren Tropen polwärts ausgeweitet. Auch die wolkenarme Zone der Subtropen hat sich etwas nach Norden verlagert, ebenso die Tiefdruckgebiete der mittleren Breiten. Diese polwärtige Verschiebung der tiefen Wolken verringert deren kühlende Wirkung. Die Erwärmung der unteren Atmosphäre führt zu einer höher reichenden Troposphäre. Das Wetter der Tiefdruckgebiete reicht dadurch in noch höhere und damit kältere Regionen herauf. Je höher diese Wolken aber in der Atmosphäre sind, desto stärker behindern sie die Wärmeabstrahlung in den Weltraum und erwärmen damit die Oberfläche. Höher aufsteigende Wolken, die sich zudem etwas polwärts verlagern, dürften die Erderwärmung eher noch beschleunigen – ein Trend in die falsche Richtung.

WETTERKAPRIOLEN UND MEERESSPIEGELANSTIEG

*Wir sind nicht nur verantwortlich für das,
was wir tun, sondern auch für das,
was wir nicht tun.*

— Jean-Baptiste Molière,
Dramatiker und Autor

Um es gleich vorwegzunehmen: Extremes Wetter hat es schon immer gegeben, und auch lang anhaltende Perioden gleichen Wetters sind keine neue Erfindung des Klimawandels. Neu ist, dass solche Witterungslagen häufiger auftreten und die einzelnen Wetterereignisse an einem Ort intensiver ausfallen. Der Weltklimarat kommt in Bezug auf Wetterextreme zu einer unmissverständlichen Aussage: Der vom Menschen verursachte Klimawandel wirkt sich bereits auf viele Wetter- und Klimaextreme in allen Regionen der Welt aus, und die Beweislage für die beobachteten Veränderungen und deren Zuordnung zum menschlichen Einfluss haben sich weiter erhärtet. Dies gilt für Hitzewellen mit Dürren und Waldbränden ebenso wie für Starkniederschläge mit Überschwemmungen und erstmals auch für die Intensität tropischer Wirbelstürme.

Immer mehr Menschen sind direkt vom Klimawandel betroffen. Die letzten vier Dekaden waren die wärmsten seit Menschengedenken und jeweils wärmer als die vorherige. Zudem vergeht kaum eine Nachrichtensendung ohne Schlagzeilen zum Klimawandel. Es sind die immer häufiger und intensiver auftretenden Wetterextreme, die den Klimawandel zum dauerhaften Topthema machen und damit auch Politik und Parlamente zum Handeln zwingen.

Verstörende Bilder vom »verrücktspielenden« Wetter sind die neue Normalität in einer sich erwärmenden Welt. Bisher kamen solche Nachrichten meist aus fernen Teilen der Welt. Zunehmend ereignen sich diese Extreme aber auch vor unserer Haustür.

Dazu gehören Dürren und Waldbrände als Folge lang anhaltender Hitzewellen. Wir alle erinnern uns noch an die unerträglichen Bilder der australischen Feuersaison zum Jahreswechsel 2019/2020. Bei Temperaturen von 50 Grad Celsius saßen Koalas, Kängurus und Wombats mit verbrannten Pfoten in einer verkohlten Landschaft, in der qualmende Baumstümpfe wie Mahnmale aus dem Boden ragten. Geschätzt sind bei diesen Feuern eine Milliarde Wildtiere umgekommen, und weitere zwei Milliarden verloren ihren Lebensraum. Im März 2021 und Juni 2022 erlebte der Südwesten Australiens das entgegengesetzte Extrem: Verheerende Regenfälle setzten weite Teile von New South Wales und Victoria tagelang unter Wasser. Auch in Kalifornien steigen die Temperaturen auf 55 Grad Celsius, und die verheerenden Waldbrände nehmen zu. Inzwischen sind sogar die oft noch naturnahen borealen Wälder Sibiriens und fast jeden Sommer die Wälder rund um das Mittelmeer betroffen. Auch in Deutschland wird die 40-Grad-Marke immer wieder überschritten, und die Waldbrandgefahr steigt, vor allem im trockenen Nordosten.

Aber auch die viel zu nassen Witterungsabschnitte mit Hochwasser und Überschwemmungen nehmen zu. Im September 2021 überflutete der Hurrikan Ida Teile von New York. Die Spur der Verwüstung, die der Hurrikan hinterließ, verursachte Schäden in Höhe von 32 Milliarden Dollar. Zuvor, im März 2021, versank die Ostküste der USA nach einem Blizzard im Schnee und verursachte zusammen mit den Folgen von Kälte und Vereisung Schäden in Höhe von 15 Milliarden Dollar. Im Sommer 2022 versanken weite Teile Pakistans in den Fluten eines außergewöhnlich starken Monsunregens. Die Regenmengen erreichten das Drei- bis Fünffache eines normalen Monsuns. Das Ereignis dauerte vier Monate und kostete mindestens 1700 Menschen das Leben, mehr als 33 Millionen Menschen waren direkt betroffen. In dem besonders feuchtwarmen Klima der Folgezeit breiteten sich zudem Krankheiten wie Malaria, Cholera oder Dengue-Fieber aus. Insgesamt entstanden Schäden in Höhe von 30 Milliarden US-Dollar. Die letzte Überschwemmung vergleichbaren Ausmaßes ereignete sich dort im Jahr 2010.

Im Februar 2022 fiel in Deutschland das Dreifache der üblichen Regenmenge vom Himmel. Nach drei direkt aufeinanderfolgenden starken Stürmen folgte eine lang anhaltende Trockenperiode. Auch in Südeuropa und im Mittelmeerraum war der Sommer extrem trocken. Die Tageshöchsttemperaturen erreichten immer wieder Werte von 45 Grad Celsius, was zu ausgedehnten Waldbränden führte. Die Trockenheit begann im März. Nach einem viel zu milden Winter mit unterdurchschnittlichen Schneemengen in den Alpen wurde der Po, der längste Fluss Italiens, zum Rinnsal und erreichte den niedrigsten Wasserstand seit 70 Jahren. Auch in Deutschland musste die Schifffahrt auf einigen Flüssen wegen extremen Niedrigwassers eingestellt werden.

Auslöser für Niederschlagsextreme ist zunächst der Temperaturanstieg, denn wärmere Luft kann pro Grad Celsius Erwärmung 7 Prozent mehr Wasserdampf enthalten, wodurch die Niederschlagsmengen mit der Temperatur zunehmen. Zum anderen verändern sich die Niederschlagsmuster. Wenn trockene und nasse Witterungsabschnitte länger werden, hat dies zur Folge, dass in den feuchten Perioden überdurchschnittlich viel Regen fällt. Überspitzt könnte man sagen: Entweder es regnet gar nicht, oder es fällt alles auf einmal vom Himmel. Auch die steigende Temperatur an der Meeresoberfläche trägt durch höhere Verdunstung dazu bei. Ein kleiner Beitrag zu dieser Problematik ergibt sich auch daraus, dass durch zunehmende Versiegelung der Böden und die veränderte Landnutzung weniger Regenwasser effizient in den Boden einsickern kann und sich stattdessen an der Oberfläche staut und in Geländesenken sammelt.

2023 war erneut ein Jahr der Extreme mit zahlreichen Temperaturrekorden. Im globalen Mittel stieg die Temperatur gegenüber dem vorindustriellen Referenzzeitraum von 1850 bis 1900 erstmals um fast 1,5 Grad Celsius, zusätzlich bedingt durch ein El-Niño-Jahr. Dabei handelt es sich jedoch um den Wert eines einzelnen Jahres und somit nicht um einen Klimamittelwert. Die Häufung von Extremjahren zeigt jedoch, wie schwierig es sein wird, die mittlere globale Erwärmung auf 1,5 Grad Celsius zu begrenzen. Auch in Deutschland war 2023 das wärmste Jahr seit Beginn der flächendeckenden Wetteraufzeichnungen im Jahr 1881. Hierzulande lagen die Temperaturen mit einer Abweichung von 2,4 Grad Celsius gegenüber der Referenzperiode 1961 bis 1990 auf Rekordniveau. Seit Beginn der Aufzeichnungen stieg die Temperatur sogar um 2,8 Grad Celsius.

Alle Monate des Jahres 2023 waren zu warm, und auf eine lokale Dürre im Frühsommer folgte ein ungewöhnlich nasses Jahr. Die Zunahme der Extreme an beiden Enden der Verteilung zeigt sich daran, dass es sowohl 15 Prozent mehr Sonnenschein als auch 20 Prozent mehr Niederschlag mit 958 Litern pro Quadratmeter gab. Letztere führten vor allem in den Monaten November und Dezember zu erheblichen Schneemengen im Süden des Landes. Durch die Schneeschmelze und weitere Regenfälle kam es zu ausgedehnten Überschwemmungen. In der Folge traten viele Flüsse über die Ufer und

← **Gemalt mit Licht.** Der Crater Lake Vulkan der Cascade Range in Oregon hüllt sich in dichten Rauch eines Waldbrandes, der bei großer Trockenheit durch Blitzschlag verursacht wurde. Sosehr mich dieses surreale Licht beeindruckt hat, so schwer fiel mir auch das Atmen in dieser stickigen Luft. Waldbrände gehören in dieser Region zur natürlichen Regulierung des Baumbestands und fördern sogar das Wachstum einiger Arten. Waldbrände werden aber durch den Klimawandel häufiger und ausgedehnter, wodurch das feinjustierte, dynamische Gleichgewicht dieser Naturräume gefährlich gestört wird.

überschwemmten große Landstriche, was wiederum eine enorme Belastung für die Deiche darstellte.

Das Extremwetter im Jahr 2023 betraf aber auch andere Regionen der Erde. So gab es in der Arktis den wärmsten Sommer seit Beginn der Messungen. Das Meereis nahm rapide an Fläche und Volumen ab, wodurch der Lebensraum der Eisbären weiter schrumpft. Auch die höchsten Areale des grönländischen Inlandeises schmolzen so stark, dass das Wasser über ein verzweigtes Flusssystem auf dem Inlandeis ins Innere abfloss.

Auch die Weltmeere folgten dem Trend der globalen Erwärmung. Die mittlere Oberflächentemperatur der Ozeane zwischen 60 Grad südlicher und nördlicher Breite war 2023 so warm wie noch nie seit Messbeginn vor 40 Jahren. Sie erreichte im August über zwei Wochen einen Rekordwert von 21,1 Grad Celsius. Dieser Rekordwert wurde wesentlich vom El-Niño-Ereignis seit dem Frühjahr 2023 mitverursacht. Die anthropogene Erwärmung der vergangenen Jahrzehnte hat bereits die oberen 700 Meter der Weltmeere erfasst und reicht gebietsweise bis in 2000 Meter Tiefe.

Der mit der globalen Erwärmung einhergehende Meeresspiegelanstieg von bisher 25 Zentimetern hat im Wesentlichen vier Ursachen, dessen stärkster Beitrag zumeist überrascht. Je tiefer das anthropogene Temperatursignal in den Ozean eindringt, desto größer ist sein Beitrag zum Meeresspiegelanstieg.

Zwischen 1971 und 2018 ist die Hälfte des Anstiegs darauf zurückzuführen, dass sich das Wasser bei Erwärmung ausdehnt und dadurch ein größeres Volumen einnimmt. Weitere 22 Prozent des Meeresspiegelanstiegs sind auf das weltweite Abschmelzen der Gebirgsgletscher zurückzuführen. Das Abschmelzen des grönländischen und antarktischen Inlandeises trug weitere 20 Prozent bei. Die restlichen 8 Prozent sind auf den erhöhten Wassereintrag durch Flüsse zurückzuführen, insbesondere auf die tauenden Permafrostböden in Sibirien und Nordkanada, aber auch durch veränderte Landnutzung und Abholzung von Regenwäldern.

Im Gegensatz zum schmelzenden Landeis trägt das schmelzende Meereis der Polarregionen nicht wesentlich zum Meeresspiegelanstieg bei, da es bereits auf dem Wasser schwimmt. Nach dem gleichen Prinzip bringen schmelzende Eiswürfel ein Wasserglas auch nicht zum Überlaufen. Die Anstiegsrate des Meeresspiegels hat sich in jüngster Zeit von 2,9 Millimeter pro Jahr zwischen 2001 und 2010 auf 3,7 bis 4,5 Millimeter pro Jahr beschleunigt. Dieser Meeresspiegelanstieg bedroht die niedrig gelegenen Küstenregionen der Erde. So könnten bereits im Jahr 2050 mehr als 80 Prozent der Malediven unter dem Meeresspiegel liegen und bis zum Ende des Jahrhunderts gänzlich unter Wasser sein. Bis zum Jahr 2100 könnte der Meeresspiegel um bis zu einem Meter ansteigen.

Kurzfristig schwankt die Meeresspiegelhöhe durch die Gezeiten und den windinduzierten Wellengang. Auf sehr langen Zeitskalen von vielen Millionen Jahren hat vor allem das sich verändernde Relief der Meeresböden, durch die Aktivität der Vulkane, einen erheblichen Einfluss auf das zur Verfügung stehende Ozeanvolumen und damit auf den Meeresspiegel. Dieser Effekt ist jedoch in unseren Zeitmaßstäben so gering, dass er nicht messbar ist.

Deutlich messbar ist hingegen, dass wärmeres Wasser weniger Sauerstoff binden kann. Zusammen mit einem höheren Nährstoffgehalt ist dies der Grund, warum die kalten Gebiete der Weltmeere eine solche Fülle an Leben enthalten, was Wale zu den Zugvögeln der Meere werden ließ. Die Erwärmung der Ozeane hat bereits zu einer Abnahme des Sauerstoffgehalts geführt. Zusätzlich bewirkt die Aufnahme von atmosphärischem CO_2 eine Absenkung des pH-Wertes des Meerwassers um 0,1, was als Versauerung der Ozeane bezeichnet wird. Allerdings ist Ozeanwasser weiterhin eine leicht basische Flüssigkeit, dennoch hat diese Verschiebung des pH-Wertes bereits weitreichende Folgen für die Biosphäre der Weltmeere, auf die ich noch eingehen werde.

Die Ozeane haben sich so stark erwärmt wie seit 11 000 Jahren nicht mehr. Die Geschwindigkeit der Erwärmungsrate an der Oberfläche hat sich seit Ende der 1980er-Jahre mindestens verdreifacht, während die Erwärmung im Inneren der Ozeane Gegenstand aktueller Forschung ist. Dies ist ein besorgniserregender Trend, denn nicht nur das Ökosystem Ozean muss diese rasante Veränderung verkraften, sondern auch die Wahrscheinlichkeit für das Auftreten von Extremwetterereignissen über Land nimmt dadurch zu.

Dies gilt auch für das Mittelmeer und die angrenzenden Länder mit Auswirkungen bis nach Deutschland. Ein direkter Luftmassenaustausch zwischen dem kalten Skandinavien und dem feuchtwarmen Mittelmeer ist jedoch nur in abgeschwächter Form möglich. In den USA ist er dagegen häufig und mit extremen Wetterkapriolen verbunden, bei denen Kaltluftausbrüche weit nach Süden und Warmluftvorstöße weit nach Norden reichen. Dort kann im Winter die kanadische Kaltluft direkt aus der Arktis fast ungebremst bis nach Florida strömen und auch an der Ostküste mit Blizzards und Temperaturen unter –20 Grad Celsius die Infrastruktur lahmlegen. Der

Grund dafür ist, dass die USA ein kontinentales Klima besitzen und die Rocky Mountains in Nord-Süd-Richtung verlaufen. Sie sorgen zusammen mit der Sierra Nevada im Westen einerseits für ein kontinentales Klima und erlauben andererseits im Osten des Landes einen ungehinderten und direkten Luftmassenaustausch zwischen dem kalten arktischen Norden und dem feuchtwarmen Süden. In Europa hingegen bestimmt vor allem der Golfstrom mit dem warmen östlichen Atlantik das Klima und macht es maritimer. Hinzu kommt, dass die Alpen den Kontinent von West nach Ost durchziehen und so den direkten Luftmassenaustausch zwischen dem kalten Skandinavien und dem warmen Mittelmeer blockieren. Die meteorologischen Auswirkungen der feuchtwarmen Luftmassen vom Mittelmeer erreichen uns daher nur in abgeschwächter Form.

Da sich aber auch das Mittelmeer durch den Klimawandel erwärmt und sein Oberflächenwasser im Sommer 2023 sogar drei bis vier Grad Celsius über dem Durchschnitt lag, liefert es ein enormes Potenzial für Extremwetter, das zunehmend auch die nördlicheren Länder betrifft. Diese Wärme ist der Treibstoff für Unwetter. Warmes Wasser erwärmt die Luft und lässt mehr Feuchtigkeit verdunsten. Zudem wird bei der Wolkenbildung die in der Feuchtigkeit gespeicherte, verborgene Wärme, die sogenannte latente Wärme, wieder freigesetzt. Dies treibt die Wolkenbildung weiter an und führt immer häufiger zu hochreichenden, heftigen Gewittern mit vermehrten Blitz- und Hagelschlägen. Da diese feuchtwarme Mittelmeerluft auf der Vorderseite der Tiefdruckgebiete weit nach Norden zieht, regnet es dort häufiger und intensiver – unterbrochen von längeren Trockenphasen mit Dürren und Waldbränden.

So führten im Sommer 2023 zahlreiche Hitzewellen in Spanien, Italien, Griechenland und der Türkei zu Rekordtemperaturen und verursachten ausgedehnte Waldbrände. Seit den 1960er-Jahren sind Hitzewellen im östlichen Mittelmeer siebenmal häufiger geworden und haben an Intensität und Dauer zugenommen. Dies hat drastische Auswirkungen auf die Ernten, den Grundwasserspiegel, die Lebensqualität und nicht zuletzt auf den Tourismus. Das Mittelmeer ist damit zu einem der Brennpunkte des Klimawandels geworden. Vor 20 Jahren scherzten wir Klimaforscher noch untereinander, dass die Ostseeküste im Klimawandel das neue Mallorca werden könnte. Heute ist das fast Realität. In Deutschland ist die Grundwasserentnahme längst größer als die natürliche Neubildung. So sinkt das Grundwasservolumen um 0,76 Kubikkilometer pro Jahr. Wir verlieren damit jedes Jahr mehr Grundwasser, als die fünf größten deutschen Städte im Jahr zusammen verbrauchen.

In manchen Regionen Griechenlands fielen in weniger als 24 Stunden mehr als 700 Liter Regen pro Quadratmeter vom Himmel. Das ist ein Vielfaches dessen, was während der Ahrtalflut im Juli 2021 vom Himmel fiel. Über Teilen von Bayern und Baden-Württemberg fielen Anfang Mai und Anfang Juni 2024 zwischen 100 und 300 Liter Regen, was zu ausgedehnten Überschwemmungen führte, zumal die Flüsse diese Wassermassen nicht schnell genug abtransportieren konnten. Bereits Ende Juni 2024 kam es zum nächsten Starkregenereignis in Teilen der Schweiz, das durch intensive Schneeschmelze in den Hochlagen der Gipfelregionen noch verschärft wurde. Dadurch kam es zu zahlreichen Murenabgängen und in den engen Tälern traten zahlreiche Bäche über die Ufer und verursachten erhebliche Schäden. Solche intensiven Tiefdruckgebiete, die sich über dem Mittelmeer bei Genua bilden, werden im Fachjargon Vb-Zyklonen, sprich Fünf-B, oder auch Genua-Tiefs genannt. Ihre Eigenheit ist es, von dort über die Adria nach Norden zu ziehen. Mit ihrem ausgeprägten Dauerregen erreichen sie auch Ostdeutschland und Polen, was vor allem im Einzugsbereich von Donau und Oder zu Hochwasserlagen führt. Besonders im

Frühherbst können sich Mittelmeertiefs zu regelrechten Medicanen entwickeln, den kleinen Verwandten der Hurrikane im Mittelmeer. Das sind schwächere Wirbelstürme, die sogar ein zentrales Auge ausbilden können.

Mit fortschreitendem Klimawandel und selbst bei moderatem Klimaschutz müssen wir in Europa mit Niederschlagsmengen rechnen, wie wir sie bisher noch nicht erlebt haben. Extreme wie Starkregen mit Überschwemmungen, tropisch anmutenden Stürmen mit Gewitter und Hagel, aber auch Hitzewellen mit Dürren und Waldbränden sowie ein weiterer starker Anstieg der Meeresspiegel sind zu erwarten. Ausgelaugte Böden, Ernteschäden und vermehrte Infektionskrankheiten gehören zu den Folgen des neuen Klimas. Hinzu kommt eine Verknappung des verfügbaren Trinkwassers in Teilen Europas.

Weltweit haben derzeit mehr als 2,2 Milliarden Menschen keinen Zugang zu sauberem Trinkwasser, und die Hälfte der Weltbevölkerung lebt mit unsicherer Trinkwasserversorgung. Diese sich verändernden Lebensbedingungen könnten bis 2050 weltweit viele Millionen Menschenleben kosten. Der damit einhergehende Verlust der Artenvielfalt und dessen Auswirkungen auf die Nahrungsversorgung und Lebensmittelsicherheit ist in diesen Zahlen noch nicht einmal enthalten. Die entscheidende Frage ist, ob wir die sich anhäufenden Probleme weiter aussitzen oder mutig und entschlossen den Aufbruch in eine nachhaltige Zukunft angehen.

DER KLIMAWANDEL ALS EXTREMWETTER-VERSTÄRKER

Wasser und Luft, die beiden lebenswichtigen Elemente,
von denen alles Leben abhängt,
sind zu globalen Mülltonnen geworden.

— Jacques-Yves Cousteau,
Ozeanograf und Meeresbiologe

Der Klimawandel ist ein gefährlicher Wetterverstärker. Lang anhaltende und großflächige Niederschläge durch Tiefdruckgebiete, die sich an Ort und Stelle abregnen, sowie lokale Gewitter mit Starkregen, die in kurzer Zeit auf eine kleine Fläche fallen, haben zugenommen. In gebirgigem Gelände führen diese Extremwetter zu weiteren Naturgefahren wie Muren, Steinschlag, Erdrutschen und Lawinenabgängen. Aber auch der Wind birgt Gefahren, denn mit der Erwärmung nimmt die zur Verfügung stehende Energie in der Atmosphäre zu. Windbruch durch Orkanböen gefährdet Wälder, aber auch unsere Infrastruktur. In Gewitterfronten und isoliert auftretenden Wärmegewittern steigt das Risiko für extreme Fallböen, die Ausbildung von Tornados und großen Hagel.

Mit zunehmender Intensität der tropischen Wirbelstürme nehmen auch die Zerstörungen an Infrastruktur und privatem Eigentum deutlich zu, wie der starke Anstieg der versicherten Schäden zeigt. Allerdings gibt es dabei auch Scheinkorrelationen. So steigen die versicherten Schäden in Florida deutlich schneller als die Intensität der Hurrikane. Das liegt vor allem daran, dass sich in den gefährdeten Gebieten immer teurere Besitztümer befinden. Hurrikane machen auch vor Luxusvillen, Jachten und Privatflugzeugen keinen Bogen.

Aus der Häufung extremer Wetterereignisse lassen sich Konsequenzen für unser Handeln ableiten. Da Extremwetter Leid, Tod und Zerstörung für die Betroffenen bedeutet, muss das Risiko verringert werden. Der Klimawandel lässt uns keine Wahl mehr. Je mehr Geld die Gesellschaft für die Beseitigung von Klimaschäden, für Schutzmaßnahmen und für den Wiederaufbau aufbringen muss, desto weniger Geld steht für die Bekämpfung der wirklichen Ursachen zur Verfügung. Reparieren und Wiederaufbauen ist ein mühsames Abarbeiten an den Symptomen des Klimawandels, an den Ursachen ändert es nichts.

Allein die Flutkatastrophe im Ahrtal im Juli 2021, auf deren Ursachen ich gleich noch eingehen werde, hat in Deutschland 184 Menschenleben gefordert und Schäden von über 33 Milliarden Euro verursacht, die von Versicherungen und Steuerzahlern beglichen werden mussten. Weltweit beliefen sich die Schäden durch Naturkatastrophen im Jahr 2021 auf 280 Milliarden Dollar. Dies verdeutlicht die Dringlichkeit an vorbeugenden Arbeiten an den eigentlichen Ursachen des Problems. Nur so können zukünftige Verluste minimiert werden. Wenn wir weiterhin nur reagieren und reparieren, werden diese Kosten in den kommenden Jahren so stark ansteigen, dass weder Zeit noch Geld für den Klimaschutz bleiben. Wenn wir uns also um unser Geld sorgen, sollten wir bedenken, dass jeder Cent, den wir in den Klima- und Umweltschutz investieren, gut angelegtes Geld ist, das mit Zins und Zinseszins auch dem Wohl künftiger Generationen dient. Bisher ist es immer die Allgemeinheit, die über Steuern für die steigenden Klima- und Umweltschäden aufkommt. Ohne Klimaschutz werden diese Kosten ins Uferlose steigen.

Da Vorbeugen in der Regel viel günstiger ist als Reparieren, muss der Ausstieg aus den fossilen Energieträgern mit

← **Im Sturmlicht des Mittsommers.** Extremwetter ist im Sommer Norddeutschlands häufig mit intensiven Gewitterfronten und Starkregen verbunden. Während sich der Himmel im Nordwesten im Sonnenuntergangslicht goldgelb färbt, überwiegt im Nordosten das düstere Graublau der Gewitterwolken. Die ohnehin braungelbe Farbe des Getreides wird durch die Himmelsfarben gesteigert. Die rollenden Donner und kräftigen Windböen unterstreichen diesen dramatischen Anblick noch.

nachhaltigen Technologien beschleunigt werden. Die Chancen dieser Klimawende überwiegen die Risiken bei Weitem. Nach Angaben des Carbon Disclosure Project www.cdp.net, das den CO_2-Fußabdruck von Firmen weltweit untersucht, sehen internationale Großkonzerne in den nächsten fünf Jahren Geschäftsrisiken von einer Billion Dollar durch den Klimawandel auf sich zukommen. Den Nutzen, der mit der Klimawende einhergeht, beziffern sie dagegen auf zwei Billionen Dollar. Das macht deutlich, wie viel größer der Nutzen einer Abkehr von klimaschädlichen Praktiken im Vergleich zum »Weiter so«-Szenario ist.

Niemand möchte in der Angst leben, dass sein Haus aufgrund des Klimawandels plötzlich unter Wasser steht oder der Ozean immer näher rückt. Letzteres ist in Kalifornien, aber auch an der Ostseeküste sowie auf Sylt und Helgoland zu beobachten, wo die Brandung bei Sturm und höherer See Steilküsten zum Abrutschen bringt.

Aber auch Feuer stellen wegen des Klimawandels eine stark zunehmende Bedrohung dar, selbst in bisher wenig gefährdeten Regionen. Dies zeigte sich im August 2023, als auf Maui in Hawaii über 100 Menschen ihr Leben verloren und 2000 Gebäude in Flammen aufgingen. Extrem verstärkte Passatwinde durch den in großer Entfernung vorbeiziehenden Hurrikan Dora genügten in der trockenen Jahreszeit auf Maui, um aus einem kleinen Feuer in kürzester Zeit eine Katastrophe werden zu lassen. Ein weiterer Brandbeschleuniger war das invasive

Guinea-Gras, das wie Zunder brennt und die ursprüngliche, weniger leicht brennbare Vegetation verdrängt hat.

Unsere Gesellschaften werden durch die globale Erwärmung und die zunehmende Veränderung der Umwelt anfälliger und verwundbarer gegenüber Naturgefahren. Dies wirft die Frage auf, wie gut wir die Bandbreite der Extreme und deren Veränderungen im Klimawandel kennen. Schließlich leben immer mehr Menschen in Regionen, die sich im Zuge des Klimawandels von beschaulichen Orten in potenzielle Gefahrenzonen verwandeln.

Die Antwort darauf lernte ich bereits als Jugendlicher in den österreichischen Alpen kennen. Es war im Sommer 1987, als sich in den späten Abendstunden in einem Hochtal der Hohen Tauern ein extremes Gewitter zusammenbraute. Als es dunkel wurde, saß ich in gemütlicher Runde bei Kerzenlicht in der Hofrat-Keller-Hütte, einer urigen und uralten Selbstversorgerhütte ohne Strom im wildromantischen Obersulzbachtal. Blitze zuckten um uns herum, und der Regen prasselte so laut auf das Dach, dass eine normale Unterhaltung nicht möglich war. Das ging eine ganze Weile so, bis sich ein anderes Geräusch dazugesellte. Es war ein knirschendes Grollen, das immer lauter wurde. Besorgt öffneten wir die Tür der Hütte und richteten unsere Taschenlampen in den sintflutartigen Regen. Als ein Blitz die Szenerie für Sekundenbruchteile erhellte, sahen wir, wie sich nur wenige Meter von der Hütte entfernt eine Mure aus Geröll und Schlamm vom Steilhang in den Obersulzbach herabwälzte. Die Mure schnitt uns damit den Weg ins Tal ab und staute den stark angeschwollenen Bach neben der Hütte bedrohlich auf. Wir evakuierten die Hütte und stiegen zur nahe gelegenen Postalm auf. Am nächsten Morgen war das Tal unterhalb der Hofrat-Keller-Hütte ein einziges Trümmerfeld, und es dauerte Tage, bis der Zugang wieder freigeräumt werden konnte. So aufregend dieses Naturereignis für uns

Jugendliche war, so tiefenentspannt blieben die Bergbauern angesichts unserer Aufregung. Auf Nachfrage erklärten sie mir, dass die Hütte um 1900 gebaut wurde und ihr Ort so gewählt war, dass sie sicher zwischen zwei Schuttfächern stand, die bei starkem Regen immer wieder abrutschten. Tatsächlich steht die Hütte auch heute noch sicher dort. Immer wieder haben mir Bergbauern auch aus anderen Regionen der Alpen erklärt, wie genau die Menschen früher die Natur beobachtet haben und deshalb wussten, wo man sicher und nachhaltig bauen konnte. So war ihnen die Anwesenheit eines jahrhundertealten Baumes Indiz genug, dass ein Ort sicher war.

Mit der zunehmenden Besiedlung der Alpen wurden jedoch immer mehr Bergwälder gerodet, die im Winter einen natürlichen Schutz vor Lawinen boten. Mit dem Verlust dieser Bannwälder mehrte sich die Lawinengefahr. Mit der immer dichteren Bebauung auch in exponierteren Lagen wuchs das Problem von Steinschlag und Muren. Mit der Erwärmung kommt in den Hochlagen auch der tauende Permafrost hinzu, der die Berghänge zunehmend destabilisiert. Ich war im August 2021 wieder einmal in Zermatt, um abseits der Touristenpfade mit Zelt und Zeit die grandiose Hochgebirgswelt des Gornergrats und des Matterhorns zu genießen. Zermatt ist ein sehr gutes Beispiel dafür, wie man es nicht machen sollte. Der Reichtum der Region kennt keine Grenzen mehr, und so wächst Zermatt aus Platzmangel immer weiter in die steilen Berghänge hinein. Es bleibt zu hoffen, dass hier wie in vielen anderen Regionen der Fels noch lange genug stabil bleibt und nicht die nächsten Unwetter und tauender Permafrost trotz aller Überwachungsmaßnahmen zu einer Katastrophe führen. Damit bin ich bei der Tatsache angelangt, dass Naturkatastrophen per Definition Ereignisse sind, die völlig unerwartet über uns hereinbrechen. Das ist schon lange nicht mehr der Fall. Wir kennen die Gefahren, aber wir ignorieren sie in der

Hoffnung, dass alles gut geht. Wir reagieren erst, wenn es nicht gut gegangen ist und das befürchtete Ereignis eingetreten ist. Klüger wäre es, wenn wir als Gesellschaft vorbeugen würden. Wir beobachten die Natur nicht mehr wie die Bergbauern, wir ignorieren sie und setzen uns mit unserer vermeintlich sicheren Technik aus Beton und Elektronik über sie hinweg.

Die Beispiele aus der Bergwelt der Alpen lassen sich inzwischen auf fast alle Regionen des Planeten übertragen. Wir dringen immer tiefer in Naturräume ein und setzen uns damit erheblichen Risiken aus. Wir haben uns längst daran gewöhnt, in Flussauen Haus an Haus zu wohnen. Zu dieser exponierten Lage kommt das Problem der Bodenversiegelung. Betonierte Flächen lassen kein Wasser mehr versickern, Flächen ohne Wälder speichern weit weniger Wasser, und Bäche und Flüsse sind begradigt und kanalisiert. Für diesen Umbau der Natur haben wir weniger Zeit benötigt, als wir die Bandbreite des Wetters hätten zur Gefahrenabwehr beobachten sollen. Wie gut kennen wir also die Extreme im natürlichen Klimasystem, wie haben sie sich bereits verschoben, und wie werden sie sich entwickeln?

Die Bandbreite der Wetterextreme ist erst seit Beginn der Wetteraufzeichnungen mit hoher Genauigkeit bekannt. Hinzu kommt die weniger genaue Überlieferung vergangener Extreme in den Ablagerungen, die sie im Gelände hinterlassen haben. Die Unsicherheit nimmt mit der Zeit zu. Auf diese Weise ist es möglich, die Wiederkehrzeiten von Extremereignissen zu bestimmen und sie nach ihrem Ausmaß zu kategorisieren. Bei Extremereignissen, die alle zehn oder 100 Jahre vorkommen, gelingt dies noch ausreichend genau. Bei tausendjährigen Ereignissen wird die Datenlage jedoch schnell brüchig. Während wir noch versuchen, die Bandbreite des natürlichen Klimas der Vergangenheit zu bestimmen, wandelt sich das Klima durch unseren Einfluss schneller, als wir diese Statistiken erstellen können. Dadurch lassen sich extreme Wetterereignisse aus den 1960er-Jahren nicht mehr mit denen von heute vergleichen, weil sich die Randbedingungen, unter denen sie aufgetreten sind, durch den Klimawandel bereits verändert haben. Es ist wie bei einem Puzzle, dessen Teile sich in Größe, Farbe und Form verändern, während wir versuchen, es zusammenzusetzen. So kann ein Extremereignis, das früher einmal in 100 Jahren auftrat, in Zukunft alle zehn Jahre auftreten. Mit anderen Worten: Der Klimawandel verschiebt die Häufigkeit von Extremen hin zu kürzeren Zeitintervallen. Zudem ist es schwierig, aus der Betrachtung eines einzelnen Ereignisses auf den Einfluss bzw. den Anteil des Klimawandels zu schließen.

Das relativ neue Forschungsfeld der sogenannten Attributionsstudien schafft hier Abhilfe, und zwar in doppelter Hinsicht. Dabei geht es zum einen um die Zuordnung, inwieweit der anthropogene Klimawandel für das Auftreten einzelner Wetter- oder Klimaextreme verantwortlich ist, und zum anderen um die Erstellung einer sehr langen Zeitreihe für die statistische Bandbreite solcher Ereignisse. Daraus lässt sich ableiten, wie sich die Häufigkeit und Intensität der Extreme im Klimawandel im Vergleich zur Zeit des rein natürlichen Wandels verändert. Dazu werden Klimamodelle verwendet, die in einer Vielzahl von Simulationsläufen immer wieder mit den gleichen klimatischen Randbedingungen, aber winzigen Änderungen in den Startfeldern, durchgerechnet werden. So kann für jeden Klimamodelllauf die statistische Basis für die fehlenden Beobachtungsdaten generiert und hinsichtlich der Extremereignisse ausgewertet werden. Zu diesem Zweck werden alle Simulationen zweimal durchgeführt. Im ersten Durchlauf werden nur die natürlichen Klimaantriebe berücksichtigt, im zweiten Durchlauf kommt der menschliche Einfluss auf das Klima hinzu. Das ist das gleiche Prinzip, das ich bereits im ersten Teil des Buches beschrieben habe, als es um den Nachweis des menschgemachten Klimawandels ging. Auch hier wurden Klimamodelle mit und ohne menschlichen Einfluss gerechnet und miteinander verglichen. Anschließend werden die Einzelereignisse nach ihrer Intensität in Kategorien eingeteilt und ihre Wiederkehrwahrscheinlichkeit ermittelt, die besagt, wie häufig mit einem solchen Extremereignis in einer bestimmten Region zu rechnen ist. Die Ergebnisse zeigen deutlich, dass die Wahrscheinlichkeit des Auftretens von Extremereignissen im Zuge des Klimawandels um ein Vielfaches zugenommen hat.

Der Klimawandel bewirkt zudem, dass das Spektrum der Extreme breiter wird und die Wahrscheinlichkeit ihres Auftretens zunimmt. Dafür gibt es zwei sich überlagernde physikalische Gründe. Zum einen nimmt der Mittelwert der Lufttemperatur in einer sich erwärmenden Welt zu. Jede statistische Häufigkeitsverteilung besitzt aber neben dem Zentrum mit dem Mittelwert auch Abweichungen vom Mittelwert bis hin zu den Extremen auf beiden Seiten. Durch die globale Erwärmung wird das Spektrum dieser Verteilung systematisch nach rechts verschoben. Vereinfacht ausgedrückt bedeutet dies, dass am linken Rand der Verteilung der ehemals extrem kalte Zustand nicht mehr erreicht und am rechten Rand der ehemals extrem warme Zustand überschritten wird. Andererseits nimmt, wie wir sehen werden, auch die Streuung der Ereignisse zu. Dieses Phänomen ist weniger intuitiv zu verstehen. Während die Erwärmung die Verteilung einfach nach rechts verschiebt, staucht dieser Effekt die Verteilung zudem nach unten. Da aber die Fläche unter der Verteilungskurve gleich bleibt, werden die Ränder der Verteilung gedehnt. Dadurch werden die Extreme an beiden Enden häufiger, wobei es auf der kalten Seite etwas kälter und auf der warmen Seite viel wärmer wird. Ausgelöst wird dieses Phänomen durch eine signifikante Veränderung der Wettermuster, von der wir auch in Deutschland direkt betroffen sind.

Die Zirkulation der Atmosphäre in unseren Breiten führt aufgrund der Erdrotation zu Hoch- und Tiefdruckgebieten, die das tägliche Wetter variabel gestalten. Diese wiederum werden von der sogenannten Rossby-Welle oder planetaren Welle gesteuert. Diese äußert sich in einem Starkwindband, das mit Windgeschwindigkeiten von 200 bis 300 Kilometern pro Stunde in acht bis zwölf Kilometer Höhe in unseren Breiten im Mittel von West nach Ost rund um den Globus strömt. Besser bekannt ist diese Rossby-Welle als Jetstream oder Strahlstrom. Man bemerkt sie vor allem daran, dass der Hinflug nach Amerika länger dauert als der Rückflug. Auf dem Hinflug muss das Flugzeug gegen die Strömung fliegen, während es auf dem Rückflug von der Strömung beschleunigt wird. Dadurch ist der Rückflug über Grund oft 200 Kilometer pro Stunde schneller als der Hinflug. Je größer der Temperaturunterschied zwischen den Tropen und der Arktis ist, desto beständiger weht der Jetstream. Meist wird er, stark vereinfacht, durch Störungen kurzzeitig von seiner ansonsten beständigen West-Ost-Richtung abgelenkt. Diese Störungen im Starkwindband bilden Rücken und Tröge der Rossby-Welle. An den Rücken buchtet die warme Luft aus dem Süden nach Norden aus, und Tröge bewirken das Gegenteil, den Zustrom von kalter, polarer Luft nach Süden. An den Grenzflächen zwischen Rücken und Trögen entstehen die Hoch- und Tiefdruckgebiete, die unser Wetter bestimmen. In den Hochdruckgebieten unter den Rücken sinkt die Luft

Kunstwerk der Natur. Eingefrorene Eisberge auf der zugefrorenen Gletscherseelagune Jökulsárlón auf Island enthüllen ihre bezaubernden, mit Vulkanasche gefüllten Schmelzwasserformen. Verzaubert von diesem faszinierenden Anblick ist es eine Herausforderung bei -8 Grad Celsius und Orkanwinden, dem durch die Luft wirbelnden Vulkansand und der immensen Kälte standzuhalten.

großräumig ab, wodurch sich die Wolken auflösen, sodass sie uns meist warmes und trockenes Wetter mit blauem Himmel bescheren. Die Luft strömt in ihnen im Uhrzeigersinn. In den Tiefdruckgebieten unter den Trögen hingegen steigt die Luft großräumig auf, was mit Wolkenbildung und Niederschlägen einhergeht. In ihnen strömt die Luft gegen den Uhrzeigersinn, und es bilden sich markante Wetterfronten, die auf den Wetterkarten zu sehen sind. Vor den Warmfronten auf der Vorderseite dieser Tiefdruckgebiete strömt warme Luft nach Norden, und es regnet gleichmäßig, während an und hinter den Kaltfronten auf der Rückseite Schauerwetter herrscht und die Kaltluft weit nach Süden ausgreift. Die schnelle Abfolge von Hochs und Tiefs sorgt für ein ständig wechselndes Wetter.

Da der Temperaturunterschied zwischen den Tropen und der Arktis im Winter naturgemäß am größten ist, sind wir es gewohnt, dass in dieser Jahreszeit ein Tief das nächste jagt und die Witterung deshalb feucht und unbeständig ist. Im Sommer sind die Temperaturunterschiede viel geringer, da die Sonne in der inneren Arktis nicht mehr untergeht. Dadurch verlangsamt sich der Jetstream, und die Rücken und Tröge können sich weiter nach Norden und Süden ausdehnen und bewegen sich auch langsamer. Je nachdem, ob wir uns im Rücken der Rossby-Welle in einer Hochdrucklage oder im Trog in einer Tiefdrucklage befinden, haben wir länger gutes oder länger schlechtes Wetter. Wir sprechen dann von einem guten Sommer mit viel Wärme und Sonnenschein oder von einem schlechten Sommer mit Kälte und viel Regen.

Mit der globalen Erwärmung verändert sich dieses Muster in eine unerwünschte Richtung mit den erwähnten häufigeren Dürren und Überschwemmungen. Wir Wissenschaftler haben lange gebraucht, um diese komplexe Wirkung zu verstehen.

Am Anfang steht die Anreicherung eines großen Teils unserer CO_2-Emissionen in der Atmosphäre. Sie haben die

Oberfläche des Planeten um 1,2 Grad Celsius im globalen Mittel und in der Arktis bereits um vier bis sechs Grad Celsius erhöht. Dadurch schmilzt das Meereis rapide, sowohl in der Fläche als auch im Volumen. Hinzu kommt die bereits erwähnte positive Rückkopplungsschleife, bei der sich das dunkle Wasser in den eisfreien Bereichen des Ozeans schnell erwärmt und dadurch noch mehr umliegendes Eis abschmilzt. Durch diese Vorgänge schrumpft aber auch der Temperaturunterschied zwischen den Tropen und der Arktis. Das ist essenziell, weil sich dadurch auch der Jetstream verlangsamt. Die Rossby-Welle, der ein Teil ihres Antriebs fehlt, beult sich dann immer häufiger und immer weiter aus. Warme Luft aus dem Süden dringt nun viel häufiger und länger weit in arktische Gefilde vor und kann dort noch mehr Eis zum Schmelzen bringen, was den Jetstream weiter verlangsamt. Hier greift die nächste von uns ausgelöste, sich selbst verstärkende, klimaschädliche Rückkopplungsschleife. Umgekehrt breitet sich die Kaltluft aus dem Norden viel weiter nach Süden aus.

Statt der üblichen zonalen, d.h. von West nach Ost gerichteten Grundströmung werden die begleitenden Wettersysteme der Hochs und Tiefs nun zunehmend von Nord-Süd verlaufenden, sogenannten meridionalen Mustern gestört und geprägt. Der sich verlangsamende Jetstream verändert sein dynamisches Gleichgewicht derart, dass aus der ursprünglich schnellen Abfolge von Hochs und Tiefs immer häufiger eine stehende Welle wird. Sie bewegt sich nur noch sehr langsam oder bleibt sogar stehen. Solche Witterungslagen blockieren den West-Ost-Transport des Wetters in der Atmosphäre. Dieses Wettermuster ist der Grund dafür, dass wir heute häufiger über längere Zeiträume das gleiche Wetter haben.

Die mittlere geografische Breite des Jetstreams hat sich in den letzten Jahrzehnten leicht nach Norden verschoben und damit auch die Zugbahnen der Tiefdruckgebiete. Jede Strömung bildet Wirbel aus, und was für das ablaufende Wasser in der Badewanne oder das kochende Wasser im Topf gilt, trifft auch auf die Atmosphäre zu. So können sich auch Wirbel des Jetstreams in einer Troglage abschnüren und als eigenständige Gebilde existieren. Sie werden Kaltlufttropfen genannt und können sehr stabil und langlebig sein. So können sie wochenlang für unbeständiges Regenwetter sorgen, das im Sommer zu starken Gewittern mit Starkregen neigt und in den Alpen sogar im Sommer viel Neuschnee bringen kann.

Auch das Tief Bernd, das vom 12. bis 18. Juli 2021 die Flutkatastrophe im Westen Deutschlands, insbesondere im Ahrtal, und im Osten Belgiens verursachte und weite Teile Mitteleuropas mit heftigen Gewittern, Sturm und sintflutartigen Regenfällen überzog, war zunächst ein solcher Kaltlufttropfen. Er löste sich bereits am 9. Juli 2021 an der Südspitze Grönlands vom Jetstream und zog zunächst unter Abschwächung in Richtung Europa. Am 13. Juli 2021 überquerte er Frankreich und führte auf seiner Vorderseite sehr warme und feuchte Luft aus dem Mittelmeerraum ins westliche Mitteleuropa. Mit dieser zusätzlichen Energie entwickelte es sich zum intensiven Tiefdruckgebiet »Bernd« und brachte von Italien über die Alpen bis nach Ostdeutschland heftige Gewitter mit Starkregen und Sturmböen. Der Kern des Tiefs drehte sich über Westdeutschland und Belgien. Dort kollidierte in der unteren Troposphäre kalte Luft aus dem Norden mit feuchtwarmer Luft vom Mittelmeer. Diese feuchtwarmen Luftmassen wurden im Tief dynamisch zum Aufsteigen gezwungen und kühlten dabei ab. Da kältere Luft weniger Wasserdampf binden kann, begann es entlang des Frontensystems großflächig und intensiv zu regnen.

Das allein wäre noch kein großes Problem gewesen. Aber der blockierende Trog über Mitteleuropa, in dem »Bernd« gefangen war, verhinderte den üblichen Weiterzug des Tiefs. So regnete es sich an Ort und Stelle ab. Die Niederschlagssummen erreichten in einer Fläche zwischen Münster und Köln an einem Tag bis zu 150 Liter pro Quadratmeter. Lokal wurden sogar 300 Liter pro Quadratmeter erreicht, was der Niederschlagssumme von drei Monaten in der Region entspricht. Die Kombination aus viel zu viel Regen auf zu kleiner Fläche in zu kurzer Zeit bei gleichzeitig zu dichter Bebauung und hoher Bodenversiegelung entlang der Flüsse führte unweigerlich zur Katastrophe. In meiner Dissertation über den Wasserkreislauf in Tiefdruckgebieten hatte ich 2001 berechnet, dass intensive Tiefdruckgebiete in der Lage sein könnten, Deutschland bis zu einem Meter unter Wasser zu setzen, vorausgesetzt, sie regnen sich vor Ort vollständig ab. 20 Jahre später müssen wir feststellen, dass sich die Messwerte solchen Schreckensszenarien des Klimawandels annähern.

Blockierende Wetterlagen und Extremereignisse wie Tief Bernd kommen auch im natürlichen Klimasystem vor. Der Klimawandel hat jedoch die Wahrscheinlichkeit ihres Auftretens erhöht. Stillen wir unseren Energiehunger jedoch weiterhin mit fossilen Energieträgern, werden die heutigen Wetterextreme zur Normalität und ganze Regionen der Erde, wie die Tropen, für den Menschen unbewohnbar. Zudem würden durch den Anstieg des Meeresspiegels auch niedrig gelegene Küstenregionen unbewohnbar.

Wetterextreme sind nicht die Rache der Natur an unserem Verhalten. Das Klimasystem reagiert lediglich nach den Gesetzen der Physik auf die von uns veränderten Rahmenbedingungen. Es ist wieder das dynamische Gleichgewicht, das sich neu einstellt. Der Ausweg liegt klar vor uns: Es ist die Transformation unserer Gesellschaften in eine nachhaltige Lebensweise ohne Emission von Treibhausgasen. Es ist ein Weg, der weitaus mehr Chancen als Risiken birgt. Wenn wir nichts tun, werden uns die Folgen über den Kopf wachsen.

DIE POLARREGIONEN IM KLIMAWANDEL

> *Das schmelzende Eis ist Zeuge unseres*
> *Umgangs mit der Erde.*
> *Sein Verschwinden ist ein stummer Schrei*
> *nach Bewusstsein und Wandel.*
>
> — TERRY TEMPEST WILLIAMS,
> NATURSCHÜTZERIN UND UMWELTAKTIVISTIN

Das Meereis der Arktis ist besonders stark von der globalen Erwärmung betroffen, denn die Region um den Nordpol hat sich deutlich stärker erwärmt als nur um das globale Mittel. Einzelne Winter fallen bereits bis zu neun Grad wärmer aus, und tagesweise wird es dort durch den Zustrom warmer Luft aus dem Süden sogar 20 Grad wärmer als im langjährigen Mittel. So wurde im Juni 2020 in Sibirien eine Rekordtemperatur von +38 Grad Celsius gemessen, und auch auf der antarktischen Halbinsel brach der Wert von +18,3 Grad Celsius im Februar 2020 alle bisherigen Rekorde.

Die Meereisausdehnung der Polargebiete unterliegt einem jährlichen Zyklus, der durch den halbjährlichen Wechsel des Sonnenlichts während der winterlichen Polarnacht und der sommerlichen Polartage geprägt ist. Während des arktischen Winters, der von Herbst bis Frühling dauert, beginnt das Meereis zu wachsen und erreicht im März seine maximale Ausdehnung. Mit Beginn des arktischen Sommers im Frühjahr und Sommer beginnt das Meereis zu schmelzen, da die Temperaturen steigen und die Sonne die meiste Zeit über dem

Horizont steht. So erreicht die arktische Meereisausdehnung ihr jährliches Minimum im September. Seit der flächendeckenden Satellitenbeobachtung Ende der 1970er-Jahre ist die minimale Meereisausdehnung um 40 Prozent geschrumpft. Sogar im März, bei maximaler Meereisausdehnung, ist die Eisfläche inzwischen um 10 Prozent kleiner. Mit der geringer werdenden Meereisbedeckung kommt ein großes, sich selbst verstärkendes Problem daher. Der immer eisfreiere Ozean führt zu drei grundlegenden Veränderungen in der Arktis.

Erstens gehört der Schnee auf dem Meereis zu den hellsten natürlichen Oberflächen der Erde. Dadurch wird der größte Anteil der Sonneneinstrahlung reflektiert und steht somit nicht für die Erwärmung der Oberfläche zur Verfügung. Der eisfreie Ozean ist dagegen eine der dunkelsten natürlichen Oberflächen im Erdsystem. Deshalb absorbiert er fast die gesamte Sonnenstrahlung und erwärmt sich dadurch stark. Mehr offener Ozean in der Arktis absorbiert daher mehr Sonnenlicht und erwärmt so die Wasseroberfläche. Diese zusätzliche Wärme schmilzt mehr Eis und verzögert dessen Neubildung. Diese sich selbst verstärkende Rückkopplung im Klimasystem ist das sogenannte Eis-Albedo-Feedback. Die Albedo ist ein Maß für das Rückstreuvermögen einer Oberfläche für Sonneneinstrahlung und bestimmt daher, wie stark sich eine Oberfläche aufgrund ihrer Helligkeit erwärmen kann.

Zweitens ist das Wasser der Ozeane immer wärmer als -1,8 Grad Celsius, denn erst bei dieser Temperatur bildet sich Meereis. Das dies nicht bei null Grad Celsius geschieht, liegt am Salzgehalt des Ozeans von etwa 3,5 Prozent. Das Salz senkt den Gefrierpunkt des Wassers, deshalb streuen wir es im Winter bei Glatteis auf unsere Straßen. Nun ist -1,8 Grad aber sehr viel wärmer als die Luft in der Arktis, die im Winterhalbjahr zwischen -20 und -40 Grad Celsius schwankt. Durch diesen Temperaturunterschied fließt viel Wärme vom Ozean in die

Atmosphäre. Diese sensible Wärme kann extrem hohe Werte erreichen. Eine durch den Ozean erwärmte, oberflächennahe Luftschicht wird also ebenfalls zur Eisschmelze beitragen.

Drittens kommt zum sichtbaren Wärmestrom auch noch ein latenter, verborgener Wasserdampfstrom vom Ozean in die Atmosphäre hinzu. So reichert der vergleichsweise warme Ozean die bodennahe kalte Luftschicht durch starke Verdunstung mit erheblichen Feuchtemengen an. Das kann man schon von Weitem sehen, denn offene Stellen im arktischen Ozean hüllen sich häufig in dichten Nebel, der als Meeresrauch bezeichnet wird.

Wenn sich durch die Meereisschmelze also mehr dunkler Ozean zeigt, sind damit mehrere Erwärmungseffekte verbunden. Dies ist einer der Gründe, weswegen das arktische Meereis eine Schlüsselrolle im Klimasystem spielt. Hinzu kommt, dass zwischen Grönland und Spitzbergen eine der wenigen Regionen liegt, in denen Tiefenwasser für die globale Ozeanzirkulation gebildet wird. Dies ist der zentrale Teil des globalen ozeanischen Förderbandes, das Wasser mit den Meeresströmungen horizontal und vertikal in einem komplexen Muster durch sämtliche Ozeanbecken transportiert. Eine solche Zirkulation dauert etwa 1000 Jahre und ist einer der wichtigsten Faktoren für langfristige Klimaänderungen. Die Arktis, genauer das Europäische Nordmeer, ist eines der wenigen Gebiete, wo sich dieses Förderband der ozeanischen Zirkulation rasch vertikal austauscht, ausgelöst durch die Neubildung von Meereis. Bei dessen Bildung wird ein großer Teil des Salzes ins Meerwasser abgegeben. Es ist verblüffend: Wenn man bei -42 Grad Celsius auf dem zugefrorenen Ozean steht und einen die Lust nach einem Eis überkommt, kann man sich direkt davon überzeugen, dass es nicht salzig ist. Allerdings muss man bei diesem Test sehr vorsichtig vorgehen, um nicht in die prekäre Lage zu kommen, mit der Zunge am gefrorenen Ozean kleben zu bleiben. So gesehen kann man auf dem gefrorenen Meer zwar leicht erfrieren, aber nicht verdursten. Junges Meereis ist noch salzig. Das Salz sammelt sich in Taschen im Eis und sickert in den Ozean zurück, wo es sich als eine sehr salzhaltige, kalte und dichte Sole sammelt und in die Tiefen des Polarmeeres absinkt. Diese Wasserfälle im Ozean sind der Motor für das Förderband der globalen Ozeanzirkulation. Das durch den Klimawandel verminderte Meereis ist daher eine bedenkliche Bremse für diesen Motor. Dies wird besonders deutlich, wenn wir berücksichtigen, dass auch der Golfstrom Teil dieses globalen Förderbandes ist und uns in Europa als Warmwasserheizung ein gemäßigtes Klima beschert.

Sollten wir diesen Teil des Förderbandes über seinen Kipppunkt schieben, könnte es in Teilen Europas ungemütlich werden. Trotz globaler Erwärmung könnte es regional wieder deutlich kälter werden. Um dies zu verstehen, genügt ein Blick auf die Weltkarte: Der Norden Großbritanniens und die norwegische Hauptstadt Oslo befinden sich auf dem gleichen Breitengrad von etwa 60 Grad Nord wie die Südspitze Grönlands. Neben der Tiefenwasserbildung durch Meereisbildung gibt es einen weiteren Beitrag im kalten Atlantik durch Konvektion, der vor der kanadischen Küste in der Labrador-See stattfindet. Dieser ist eng mit der Bildung von kaltem, dichtem Ozeanwasser verbunden. Hier strömt kaltes Wasser aus arktischen Regionen südwärts und wird im Kontakt mit der kalten Luft abgekühlt. Dadurch erhöht sich seine Dichte, und es beginnt zu sinken. Die Erwärmung der Atmosphäre und der zusätzliche Süßwassereintrag durch schmelzendes Festlandeis und vermehrten Niederschlag hat negative Folgen für diese Tiefenwasserbildung als Teil der nordatlantischen Umwälzzirkulation. Deswegen gibt es erhebliche Sorge und Forschungsanstrengungen um die Frage, wie weit dieser wichtige Regulator im Klimasystem noch von seinem Kipppunkt entfernt ist.

Arctic Kiss. Offene Wasserstellen in der Eisdecke des arktischen Ozeans führen zu enormen Verdunstungsraten. Bei der Kondensation dieses unsichtbaren Wasserdampfs entsteht dichter Nebel, der Meeresrauch. Die Wärme, die für die Verdunstung des Wassers benötigt wurde, wird in der Atmosphäre wieder freigesetzt. Auch diese zusätzliche Wärme kann später zum beschleunigten Abschmelzen des Meereises beitragen.

Je dünner die Meereisflächen werden, desto anfälliger werden sie für weiteres Abschmelzen, denn nur eine dicke Eisschicht isoliert während der Meereisbildung im Winterhalbjahr ausreichend vor dem warmen Ozean. Schon heute hat der Rückgang der Meereisfläche, wie wir gesehen haben, deutliche Auswirkungen auf das Wetter in Mitteleuropa.

Als ich, wie ich es schon in der Einleitung erwähnt habe, 1993 als Student an Bord des Forschungseisbrechers Polarstern vom Alfred-Wegener-Institut an einer zweimonatigen Winterexpedition zum Nordpol teilnahm, war das Meereis dort durchschnittlich mehrere Meter dick. Auch die Polarstern stieß hier auf ihrem Weg nach Norden an ihre Grenzen, und es wurden mithilfe von Satellitenbildern Kanäle im Eis gesucht, die ein Vorankommen nach Norden ermöglichten. An den Presseisrücken, wo mit der Meeresströmung und den Winden driftende Schollen miteinander kollidierten und übereinandergeschoben worden sind, war das Eis sogar bis zu sieben Meter dick. Da nun vor allem im Polarsommer immer mehr Eis immer schneller schmilzt, nimmt insgesamt auch die Meereisdicke kontinuierlich ab. In Konsequenz verjüngt sich das Alter des Eises ständig. Das dicke, mehrere Jahre alte Eis wird so durch dünnes, im vergangenen Winter gebildetes Meereis ersetzt. Ich habe im Rahmen meines Forschungsprojektes OceanRAIN zehn Jahre lang meine Messgeräte zur Untersuchung des Wasserkreislaufs über den Weltmeeren auch an Bord der Polarstern betrieben. Dabei war es der Polarstern ab dem Jahr 2010 regelmäßig möglich, zum Eisminimum im Frühherbst direkt über den Nordpol zu fahren. Ein solches Unterfangen wäre im Jahr 1993 vollkommen undenkbar gewesen. Seit 1979 existieren zudem durchgängig Beobachtungen des Meereises per Satellit. Die Auswertung dieser Daten zeigt auf erschreckende Weise, dass die Meereisfläche im Sommer seit dieser Zeit um ein Drittel abgenommen hat.

Die vielleicht bekannteste Folge der schrumpfenden Meereisfläche ist, dass mit dem Eis auch der Lebensraum für die Eisbären schwindet. Sie geraten auf ihrer jährlichen Wanderung immer häufiger in Bedrängnis, denn ein halbes Jahr lang driften sie auf den Eisschollen der Arktis mit der Meeresströmung gen Süden. Die immer größer werdenden offenen Wasserflächen bereiten dabei große Probleme, denn sie erschweren nicht nur die Robbenjagd, sondern es kostet die Eisbären viel Energie, sich schwimmend fortzubewegen. Mit der Strömung an der Ost- und sogar an der Südküste Grönlands angelangt, verlassen die Eisbären das driftende Eis und gehen an Land. Von da an verbringen sie den Rest des Jahres damit, an der grönländischen Ostküste gen Norden zu wandern. Diese kräftezehrende Wanderung schaffen sie nur, wenn sie sich während der Drift auf den Eisschollen genügend Fettreserven durch die Ernährung mit Robbenfleisch anfressen können, um die lange Landwanderung in der warmen Jahreszeit zu schaffen. Wieder einmal wird klar, wie komplex das System Erde orchestriert ist und wie fein justiert sich die Ökosysteme daran angepasst haben. Ein sich so rasch veränderndes Phänomen wie der Klimawandel lässt den Eisbären voraussichtlich nicht genügend Zeit, um veränderte Überlebensstrategien zu entwickeln.

Wenn die Polarnacht im Winter beginnt, bildet sich in milderen Wintern weniger und in kälteren mehr Meereis aus. Zum Ende der kälteren arktischen Winter der Jahre 2020, 2022 und 2023 gab es wieder eine ausgedehntere Eisbedeckung. Dies ist allerdings kein Klimasignal, sondern spiegelt lediglich die hohe Variabilität des Wetters einzelner Jahre wider und bezeugt den Verlust des mehrjährigen Eises, da die Fläche des dünneren einjährigen Eises stärker schwankt. In gekoppelten Atmosphäre-Ozean-Modellen wird eine im Sommer eisfreie Arktis bereits um das Jahr 2040 berechnet. Dies hätte drastische Folgen für das Ökosystem Arktis, aber auch auf das Wetter und seine häufigeren Extreme bei uns.

Im Gegensatz zum schwimmenden Meereis ist das grönländische Inlandeis ein durchschnittlich 1,5 Kilometer dicker Eisschild, der auf dem Kontinent aufliegt. Das Eis überragt das Relief des Gebirges und ist stellenweise sogar über drei

Kilometer dick. Je größer und dicker diese Eismasse ist, desto träger reagiert sie auf Erwärmungstendenzen an der Oberfläche. Kleine und steile Gletscher reagieren innerhalb weniger Jahre auf Temperatur- und Niederschlagsänderungen, große Gletscher haben sich erst nach Jahrzehnten daran angepasst. Die Eisschilde Grönlands und der Antarktis benötigen dafür Jahrhunderte bis Jahrtausende. Das grönländische Inlandeis zeigt entlang seiner Ränder, in den tiefer gelegenen Regionen, bereits seit mindestens zwei Jahrzehnten eine Reaktion auf die Erwärmung durch verstärktes Abschmelzen und Auftauen des Schnees an der Oberfläche bis in höhere Lagen. Während in der Antarktis der Eisverlust fast ausschließlich durch kalbende Gletscher und Abbruch der Schelfeiskanten verursacht wird und die dabei entstehenden riesigen Tafeleisberge dann schmelzend durch das Südpolarmeer treiben, entsteht der Eisverlust Grönlands nur etwa zur Hälfte durch Eisberge, die von den Gletschern kalben. Die andere Hälfte entfällt bereits auf schmelzendes Eis auf dem Festland. Insbesondere der an die Labradorsee angrenzende, westliche Teil Grönlands ist von einer durchschnittlichen Erwärmung von vier Grad Celsius betroffen, und im August 2021 wurden in einzelnen Fjorden bis +18 Grad Celsius erreicht. Auch die Temperaturen am höchsten Punkt des Eisschildes in 3200 Meter Höhe erreichen immer häufiger Werte über null Grad, sodass durch den tauenden Pulverschnee die Rückstrahlfähigkeit der Oberfläche von über 80 Prozent auf 60 bis 70 Prozent sinkt und es dort zusätzlich sogar immer häufiger regnet. Im Jahr 2010 war 50 Prozent des Eisschildes davon betroffen und im Jahr 2012 sogar 90 Prozent.

Eine Gefahr für den grönländischen Eisschild lauert aber auch noch an ganz anderer Stelle. Durch die enorme Auflast des Eisschildes sind Teile der Landmasse im Inneren Grönlands unter den Meeresspiegel abgesunken. Noch ist der grönländische Eisschild stabil, sodass der Atlantik über die Labradorsee keinen Zugang zu dieser kontinentalen Senke hat. Sobald dies jedoch durch fortschreitendes Abschmelzen des Eises an den Rändern nicht mehr gewährleistet ist, könnte der Ozean direkt zum Eisschild vordringen. Das relativ warme Ozeanwasser könnte das Eis Grönlands dann auch von unten aufschmelzen und destabilisieren. Das könnte zu einem stark erhöhten Eisverlust durch Kalbung führen. Derzeit sind diese sehr tiefen und bis jetzt noch eisgefüllten Canyons sehr schmal, und es gibt nur zwei mit Zugang in das Innere Grönlands. Bei früheren Übergängen aus intensiver Vereisung in wärmere Zwischeneiszeiten gab es offenbar immer wieder Ereignisse, in denen das Inlandeis instabil wurde und in kurzer Zeit sehr viel Masse verlor. Wir wissen dies aus Meeressedimenten im Atlantik, die in einigen Schichten eine Vielzahl von Gesteinen mit großen Findlingen enthalten. Sie können nur mit einer Armada von Eisbergen bei zurückweichendem Eisschild dorthin gelangt sein.

Im Falle eines vollständigen Abschmelzens des grönländischen Eisschildes stiege der Meeresspiegel um etwa 6 bis 7 Meter an. Bedenkt man, dass viele Hundert Millionen Menschen in Küstennähe leben und viele Zentren der Weltwirtschaft dort angesiedelt sind, kann man sich leicht ausmalen, dass bereits ein Anstieg des Meeresspiegels um weniger als einen Meter drastische Auswirkungen hätte. Das liegt vor allem auch daran, dass der steigende Meeresspiegel auch die Höchststände bei Sturmfluten ansteigen lässt. Das enorme Gewicht von Inlandeis senkt ganze Kontinente ab. Auch die skandinavische Landmasse sank aufgrund des auflastenden Eisschildes während der Eiszeit ab und hebt sich seit 10 000 Jahren nun langsam wieder, weil das Inlandeis größtenteils verschwunden ist. In der Region des Bottnischen Meerbusens werden Hebungsraten von bis zu sieben Millimeter pro

Jahr erreicht, und durch eine Ausgleichsbewegung sinken die Landmassen südlich der Ostsee leicht ab.

Das Abschmelzen des antarktischen Inlandeises würde den Meeresspiegel sogar um mehr als 50 Meter anheben, jedoch ist damit in absehbarer Zukunft nicht zu rechnen. Das Meereis entlang der Kontinentalränder der Antarktis schmilzt zwar auch, aber nicht so schnell wie in der Arktis. Dies liegt an der bereits genannten zirkumpolaren Meeresströmung des Südlichen Ozeans, die ungestört von Landmassen die Antarktis ringförmig umströmt und so den Wärmeaustausch in Nord-Süd-Richtung blockiert und die Antarktis damit isoliert und zur Tiefkühltruhe macht. Der zentrale Eispanzer der Antarktis ist relativ stabil und wird in seinem Inneren durch den Klimawandel sogar langsam dicker. Dies ist kein Widerspruch, da wärmere Luft mehr Wasserdampf binden kann, wodurch mehr Niederschlag fällt. Selbst im Sommer steigt die Lufttemperatur auf dem zentralen Eisschild nicht über -40 bis -25 Grad Celsius, wodurch ein Mehr an Niederschlag als Schnee fällt. Nur an den Küsten erreicht die Temperatur den Gefrierpunkt.

Erhebliche Sorgen bereitet der Wissenschaft allerdings der westantarktische Eisschild, weil sein Schelfeis zum Teil unterhalb des Meeresspiegels liegt. Wenn seine Eisströme die Küste erreichen und in Richtung des Südpolarmeers hinausgeschoben werden, bilden sie schwimmendes Schelfeis, von dem immer wieder Tafeleisberge abbrechen. Ein 30 Meter aus dem Wasser ragender und 400 Meter dicker Eisberg namens A23a, mit der viereinhalbfachen Größe Berlins, brach 1986 vom östlich gelegenen Filchner-Ronne-Schelfeis ab. Er blieb zunächst am felsigen Untergrund der Untiefen des Weddellmeeres hängen, setzte sich aber Anfang 2024, angetrieben durch Schmelzwasser, Meeresströmungen und Wind, in Bewegung und treibt nun auf das offene Meer des antarktischen Zirkumpolarstroms zu, wo er mit der Zeit abschmelzen wird.

Auch die sehr großen Gletscher im Bereich der Amundsensee zeigten in den letzten Jahren große Massenverluste, die ebenfalls auf den Kontakt des sich erwärmenden Ozeanwassers zurückzuführen sind. Im Gegensatz zu den schwimmenden Tafeleisbergen trägt hier aber das Eis, dass sich oberhalb des Meeresspiegels befindet, bei seinem Abschmelzen zu dessen Anstieg bei. Aktuelle Untersuchungen zeigen, dass sich der Eisrückgang in dieser Region beschleunigt. Bei einem vollständigen Abschmelzen des westantarktischen Eisschildes würde der Meeresspiegel um etwa vier bis fünf Meter ansteigen. Bislang können wir noch nicht genau abschätzen, ob es zu einer solchen Destabilisierung kommen wird, welche Regionen betroffen sein werden und wie schnell das Abschmelzen dann vor sich geht. Es handelt sich auch hier um einen der Kipppunkte im Klimasystem, welcher, einmal ausgelöst, nicht mehr aufzuhalten ist und in diesem Fall die Küstenregionen der Erde überfluten und für Zehntausende von Jahren verändern wird.

Für die saisonal schneebedeckten Landflächen, vor allem im arktischen Norden sowie den nach Süden angrenzenden Tundren Sibiriens und Kanadas, wird eine Abnahme der Tage mit geschlossener Schneedecke beobachtet. Auch die Eisdecke der Flüsse bricht dort im Frühjahr schneller auf. Zudem führt die Erwärmung im Sommer dazu, dass der Permafrost tiefer auftaut und im Randbereich sogar verschwindet, wodurch nicht nur mumifizierte Mammuts freigelegt werden und Siedlungen absacken, sondern auch große Mengen an Methan in die Atmosphäre freigesetzt werden. Beim Auftauen des Permafrostbodens bekommen Bakterien Zugang zum organischen Material und können es, je nach Bodenbeschaffenheit, mit oder ohne Zuhilfenahme von Sauerstoff abbauen. Im ersteren Fall wird dabei zusätzliches CO_2 freigesetzt, im letzteren und häufigeren Fall ist es Methan.

GLETSCHER IM TREIBHAUS

Die Gletscher schmelzen, und mit jedem
Tropfen Wasser verlieren wir
ein Kapitel der Geschichte unserer Erde.

— David Attenborough,
Naturwissenschaftler

Gebirgsgletscher machen nur 1 Prozent des weltweiten Eises aus, aber mit ihrem weltweiten Abschmelzen sind die rund 275 000 Gebirgsgletscher das mit Abstand sichtbarste Zeichen der globalen Erwärmung. Mit den Gletschern im Treibhaus hält die Natur eine deutliche Warnung für uns bereit, denn hier reagiert das Klimasystem direkt und ohne Umwege auf einer Zeitskala, die in unsere Erfahrungswelt passt, weil die Reaktionszeit eines mittleren Gebirgsgletschers in etwa unserer Lebenszeit entspricht. Mehr CO_2 in der Atmosphäre heizt den Planeten auf und lässt das Eis schneller schmelzen. Der Gletscherschwund spiegelt gewissermaßen das Fieber der Erde und sollte uns helfen, unser Handeln zu hinterfragen, denn wir können den Gletschern im Laufe eines Menschenlebens beim Verschwinden zusehen. Sie führen uns besonders deutlich vor Augen, wie empfindlich das System Erde auf zu schnelle Veränderungen reagiert. Durch unsere fortwährenden Emissionen sind die Gletscher an das heutige Klima noch nicht voll angepasst und deswegen noch zu groß. Erst nach weiteren 20 bis 40 Jahren, und im Falle des Großen Aletschgletschers in der Schweiz etwa 80 Jahren, würden sie ihre

Ausdehnung an das heutige Klima angepasst haben. Allerdings wird es dann wiederum wärmer sein als heute, sodass sie weiter schmelzen werden.

So habe ich selber in meiner Jugend einige Gletscher in den Alpen sowie die norwegischen Gletscher noch vorstoßen gesehen. Die Niederschlagsmengen, die Anfang der 1990er-Jahre durch die Tiefdruckgebiete des Atlantiks an der Westküste Norwegens abgeladen wurden, brachten mehr Schnee in die höheren Lagen, als im Sommer abschmelzen konnte. So kam es Ende der 1990er-Jahre zu einer ausgeprägten Vorstoßphase der küstennahen Gletscher in Norwegen. Diese währte jedoch nur kurz, und seit etwa 20 Jahren sind die Gletscher auch hier beschleunigt auf dem Rückzug. Meine tiefe Verbundenheit mit den Gletschern der Alpen entstand bereits als Kind, als ich mit meinen Eltern die österreichischen Berge durchwanderte. Als Jugendlicher entdeckte ich für mich dann auch die Gipfelwelten der Alpen. Dabei lernte ich die imposanten Gletscher der Hohen Tauern im gleichnamigen Nationalpark Österreichs sowie die der Schweizer Alpen kennen und lieben. Es war im Jahre 1986, als ich dem Obersulzbachgletscher erstmals begegnete. Er wand sich, dem Nährgebiet um den Großvenediger und den Großen Geiger entspringend, gen Norden vor der imposanten Kulisse des 3360 Meter hohen Großen Geigers, dessen eckige Felspyramidenform dem Schweizer Matterhorn gar nicht unähnlich ist. Der Obersulzbachgletscher schob sich zu dieser Zeit mit seinen spektakulären Eisabbrüchen und tiefblau zerklüftetem Eis noch ein gutes Stück über eine Steilstufe hinweg in das Obersulzbachtal hinein. Aus seinem Gletschertor stürzte der Obersulzbach in Kaskaden über steile, vom Gletscher glatt geschliffene Gneisfelsen. Diese Landschaft faszinierte mich so sehr, dass ich fortan regelmäßig zurückkehrte. Bei jedem meiner Besuche in den darauffolgenden Jahren, verlängerte sich mein Weg zum Gletscher um mehrere Dutzend Meter.

Einsinkend verlor er zuerst seine klaffenden Gletscherspalten, dann sein immer weiter zurückweichendes prächtiges Gletschertor, und zuletzt flachte er sich immer weiter ab. Der rasch schmelzende Eiskoloss gab dabei immer mehr von diesem beeindruckend glatt geschliffenen Fels frei. Ich wurde hier Zeuge des Zerfalls des einstmals so majestätisch anmutenden Gletscherriesen. Zeitgenössische Schwarz-Weiß-Fotografien um das Jahr 1900 zeigen eine Landschaft, bei der man sich in die Eiszeit zurückversetzt fühlt. Bei meinem bisher letzten Besuch, im Jahr 2014, fand ich anstelle der Gletscherzunge einen großen Eisrandsee vor. Der schwindende Überrest des einstigen Obersulzbachgletschers schmiegt sich nun in die Steilhänge des Großen Geigers. Ich saß dort 2014 am Rande des Sees und habe einfach nur geweint. Seit meinem ersten Besuch waren 28 Jahre vergangen. Für mich ist das eine lange Zeit, aber für das System Erde dagegen ist diese Veränderung abrupt und spontan. Es bricht mir das Herz, zu wissen, dass wir Menschen der Grund für den Verlust dieser Eisschönheiten der weltweiten Hochgebirge sind. Für unseren menschlichen Zeitmaßstab ist dieser Verlust unwiederbringlich.

Wenn wir uns gedanklich in die Eiszeiten zurückversetzen, so als würden wir einen Film im Zeitraffer rückwärts abspielen, sehen wir die stetig wachsenden Gebirgsgletscher die Täler erreichen und sich miteinander verbindend zu einem System von Eisströmen vereinen. Langsam, aber stetig begräbt das Eis fast das gesamte Gebirge unter sich, so lange, bis nur noch die höchsten Gipfel aus dem Eis herausragen. Wenn wir heute die östlichen Ränder des grönländischen Eisschildes aus dem Flugzeug betrachten, haben wir ein gutes Bild davon, wie die Alpen noch vor 20 000 Jahren, zum Höhepunkt der letzten Eiszeit, aussahen, denn auch hier ragen nur die allerhöchsten Berggipfel aus dem Eispanzer heraus. Sie wurden durch die Schürfwirkung des Eises zu scharfkantigen Gipfeln, den Nunataks, geformt. Das Matterhorn in der Schweiz ist ein typisches Beispiel dafür. Man erkennt diese höchste Lage des Eises der letzten Eiszeit auch heute noch an der markanten Schliffkante, die in vielen Hochgebirgen der Welt zu finden ist. Sie trennt die scharfkantigen Gipfel der ehemaligen Nunatakker vom glatt polierten Gestein darunter, denn die Gletscher wirken wie überdimensionale Hobel auf das anstehende Gestein. Neben der Erosion durch Flüsse verdanken wir ihnen die majestätischen Gipfel und tiefen Täler der Hochgebirge. Die gewaltige Kraft des fließenden Eises schneidet die markanten U-Formen in bereits bestehende Täler und prägt so über mehrere Zyklen von Eiszeiten und wärmeren Zwischenperioden das Erscheinungsbild der Gebirge. Im Gletscherbett mitgeführtes sehr feinkörniges Gesteinsmehl poliert dabei die Felsen, und eingefrorene Gesteinsbrocken graben rillenartige Linien in den Fels oder brechen sogar größere Gesteinsbrocken heraus. Nach dem Rückzug der Gletscher werden die Geländeformen durch Bäche und Flüsse erneut eingeschnitten und in die bekannten V-Formen überführt.

Der letzte Höchststand der Gletscher wurde um das Jahr 1850 mit dem Ende der sogenannten Kleinen Eiszeit erreicht, einer besonders in Europa ausgeprägten Kaltzeit, die weltweit etwa im 14. Jahrhundert begann. Zusätzlich gab es in den Alpen auch um 1920 sowie in den 1970er- bis 1980er-Jahren weit verbreitet Gletschervorstöße mit steil aufgetürmten Eisfronten und Gletscherenden, die aussahen wie Raubtiertatzen. Während der Kleinen Eiszeit schoben sich manche Gletscher sogar über Ackerland oder in Wälder hinein und begruben die Bäume unter sich. Diese unter dem Eis konservierten Baumstämme kamen durch den starken Gletscherschwund an vielen Gletscherzungen wieder zum Vorschein. Wie hoch das Eis um 1850 stand, erkennt man heutzutage gut an den Ablagerungen, die Gletscher beidseitig an den Bergflanken auf

ihrem Weg ins Tal hinterließen. Diese sogenannten Seitenmoränen sind eindrucksvolle Belege dafür, wie mächtig die Gletscher um 1850 waren. Die vom Eis transportierten Schutt- und Gesteinsmassen lagern die Gletscher aber nicht nur an ihren Rändern als Seitenmoränen ab. An den Zungenenden entstehen Endmoränen, am Gletscherbett Grundmoränen,

Der Herz Islands. Die beschleunigte Gletscherschmelze betrifft auch die Eiskappen Islands. Deren Auslassgletscher befinden sich allesamt auf dem Rückzug, was insbesondere am Fjallsjökull deutlich zu sehen ist. Dieser Gletscher ist Teil der mächtigen Vatnajökull-Eiskappe. Er fließt über einen teils steilen Felsgrund und ist dadurch von tiefen Spalten durchzogen. Sobald der dunkle Fels zum Vorschein kommt, erwärmt er sich viel schneller als das Eis, was innerhalb weniger Jahre diese Herzform in den Gletscher schmolz. Wir sollten es als ein Zeichen der Natur sehen, besser auf sie achtzugeben.

und beim Zusammenfluss von zwei oder mehreren Gletscherströmen bilden sich Mittelmoränen. Diese sind unverkennbar an den dunklen Gesteinsbändern zu erkennen, die sich inmitten des Gletschers ausbilden und als parallele Linien dem Eisstrom folgen. Die Mittelmoränen des Großen Aletschgletschers sind besonders eindrucksvoll ausgeprägt und gut als vergleichsweise schmale dunkle Linien im Eis zu erkennen. Bei einigen Gletschern ist der Schutteintrag durch die umgebenden Felswände so groß, dass sie an ihrem Ende komplett mit Schutt bedeckt sind und das Eis gar nicht mehr zu sehen ist. Durch diese Schuttbedeckung ist das Eis besser vor Temperatur und Strahlung geschützt, weshalb diese Gletscher nur sehr träge auf den Temperaturanstieg reagieren.

Durch unsere ständig ansteigenden CO_2-Emissionen sind viele Gletscher in den meisten Hochgebirgen der Erde zu kümmerlichen Resten ihrer einstigen Pracht zusammengeschrumpft oder bereits komplett abgeschmolzen. Die größten Eisströme der Alpen liegen mit dem Großen Aletschgletscher, dem Gornergletscher im Monte-Rosa-Massiv mit dem Matterhorn in Blickweite, und dem Fieschergletscher in der Schweiz sowie mit dem Mer de Glace am Mont Blanc in den französischen Alpen. Sie existieren zwar noch, aber auch ihnen ist der starke Rückgang der letzten Jahrzehnte anzusehen. Bei meinem ersten Besuch im Jahr 1992 wurde der Gornergletscher noch von fünf mächtigen Eisströmen gespeist. Inzwischen sind vier davon abgebrochen und hängen schmelzend in den steilen Felswänden. Es ist lediglich eine Frage von Jahrzehnten, bis auch sie nur noch als Gletscherstummel in den höchsten Regionen zu finden sein werden. Im Falle des Großen Aletschgletschers lassen die Klimaprojektionen erwarten, dass er etwa im Jahr 2080 in seiner zusammenhängenden Form zerfallen sein könnte. Wer das alpine Drama um den Gletscherschwund in teilweise erschütternden

Vergleichsaufnahmen vom selben Standpunkt über die letzten 150 Jahre hinweg in seinem vollen Ausmaß sehen möchte, dem empfehle ich den Besuch der eindrucksvollen Webseiten www.gletschervergleiche.ch und www.gletscherarchiv.de.

Der jährliche Längenverlust der Alpengletscher lag im Mittel der letzten Jahrzehnte bei etwa 10 Meter. In den letzten Jahren haben sich diese Werte im Mittel auf -50 Meter am talseitigen Zungenende beschleunigt, und bei einigen Gletschern kann es sogar das Doppelte sein. Der Längenverlust ist das offensichtlichste Zeichen dafür, wie schlecht es um die Gletscher bestellt ist. Weniger offensichtlich, dafür jedoch erheblich problematischer sind die damit verbundenen Flächenverluste von etwa 1 Prozent pro Jahr und die damit verbundenen Volumenverluste von etwa 1 bis 2 Prozent pro Jahr durch das Abschmelzen des Eises. Gemittelt über den gesamten Gletscher, ergibt sich ein mittlerer Verlust an Eisdicke von derzeit ein bis zwei Metern pro Jahr. In Extremjahren wie im Sommer 2003 wurden sogar Verluste von mehr als zwei Metern gemessen. Wie schnell dadurch das Ende eines Gletschers droht, wird durch die mittlere Eisdicke von nur etwa 30 bis 50 Metern klar. Noch in den 1990er-Jahren lag der Eisdickenverlust bei lediglich 40 bis 50 Zentimetern pro Jahr. So hat der Große Aletschgletscher seit 1850 gut drei Kilometer seiner Länge verloren und im Bereich des heutigen Zungenendes etwa 400 Meter seiner Eisdicke eingebüßt. Das Abschmelzen erreichte in den Jahren 2022 und 2023 mit mittleren Eisdickenverlusten von drei Metern neue Rekordwerte.

Der Volumenverlust bei gleichzeitig abnehmender Fläche hat vor allem zwei Gründe: Aus Flächen mit Massenzuwachs, den Nährgebieten der Gletscher, werden heutzutage Zehrgebiete mit einem Verlust an Eis. Dadurch kommt die Oberfläche durch das Absinken in immer tiefere Lagen, wo es wärmer und die Schmelze deshalb stärker ist. Auch hier handelt es sich um einen sich selbst verstärkenden Prozess.

Schneefall in der richtigen Höhe und der richtigen Menge ist die Grundvoraussetzung für die Existenz von Gletschern, da sie sich aus verdichtetem Schnee bilden und nicht etwa aus gefrorenem Wasser. Gut geht es Gletschern, wenn sie am Ende des Sommers etwa 60 Prozent Schneebedeckung im Nährgebiet aufweisen und zu 40 Prozent das Eis im Zehrgebiet freiliegt. In den Jahren 2022 und 2023 sank der Wert der Schneebedeckung am Ende des Sommers für viele Gletscher dagegen auf besorgniserregende Werte von 0 bis 20 Prozent ab. Auch in den drei Jahrzehnten davor lagen die Werte immer unterhalb des für den Erhalt notwendigen Werts. Mit der Klimaerwärmung verschiebt sich diese Gleichgewichtslinie immer weiter bergauf. Sobald es kein Nährgebiet mehr gibt, schmilzt der Gletscher vollständig ab.

Da die Temperatur der Atmosphäre mit der Höhe abnimmt, wirken die Hochgebirge der Erde wie ein Kühlschrank und sind klimatisch den Polargebieten ähnlich. Im Hochgebirge verschiebt eine Erwärmung um ein Grad Celsius die Schneelinie der Gletscher um etwa 150 Meter bergauf. Da sich der Alpenraum seit der zweiten Hälfte des 19. Jahrhunderts um +2,65 Grad Celsius erwärmt hat, liegt die Schneelinie bereits rund 350 Meter höher als im Jahre 1850 zum letzten Höchststand der Gletscher. Alle Gletscher, die deshalb kein Nährgebiet mehr haben, müssen verschwinden. Das betrifft also vor allem Gletscher mit einer geringen Höhenerstreckung, also kleine oder im Nährgebiet sehr flache Gletscher. Große Talgletscher haben meistens auch eine große Höhenerstreckung und sind deshalb zunächst weniger betroffen. Zumindest in den Alpen werden die meisten der eindrucksvollen Gletscherzungen aber noch in diesem Jahrhundert der Vergangenheit angehören. Auch in anderen Ländern, beispielsweise in Norwegen, liegt die Schneelinie im Spätsommer in vielen Regionen oft schon oberhalb der höchsten Gipfel, sodass auch hier das Schicksal vieler Gletscher bzw. flacher Eiskappen mit geringer Höhenausdehnung besiegelt ist. Auch eine mögliche Zunahme der Niederschläge kann den Verlust durch die steigenden Temperaturen nicht ausgleichen, da hierzu unrealistisch große Mengen erforderlich wären und ein Großteil dieses Niederschlags als Schnee im Sommer fallen müsste.

Die im Winter fallende Menge an Schnee ist beim hohen Niveau der Sommertemperaturen in den Alpen kein gewichtiger Faktor mehr für die Massenbilanz eines Gletschers. Durch die zusätzliche Ablagerung von dunklem Saharastaub schmilzt im Sommer sämtlicher Winterschnee noch schneller. Besonders das Schmelzen fördernd sind Hitzewellen im Mai und Juni, da sie beschleunigt das viel dunklere Gletschereis freilegen. Dieses schmilzt dann im noch wärmeren Juli und August noch schneller. Anhaltende Hitzewellen treiben die Nullgradgrenze immer häufiger in Regionen oberhalb von 4000 Meter Höhe, und es gab bereits Rekordhöhen über 5000 Meter. Ist die Schneedecke auf dem Gletscher erst einmal geschmolzen, tritt das deutlich dunklere, oftmals mit feinem Gesteinsmehl bedeckte Eis sowie der schmutzige Firn des Vorjahres zutage. Dunklere Oberflächen absorbieren aber deutlich mehr Sonnenstrahlung als die weißen Schneeoberflächen, was die Gletscher rapide schmelzen lässt. Daher sind Schlechtwetterperioden im Sommer, bei denen Neuschnee auf die Gletscheroberfläche fällt, sehr gut für die Gletscher. Solche Wetterlagen stehen auch bei mir als Landschaftsfotograf hoch im Kurs, denn sie sind Garant für spektakuläre Berglandschaften mit wilden Wolkenformationen.

Zu einer verstärkten Schmelze von Schnee und Gletschereis trägt vor allem der Eintrag von Saharastaub bei. Der oft rötlich braune Saharastaub wird häufig im Frühjahr von Tiefdruckgebieten angesaugt und über das Mittelmeer hinweg bis in die Alpen transportiert und dort abgelagert. Bis in den Mai oder Juni fällt in höheren Lagen gelegentlich noch Schnee obendrauf. Zumeist kommt diese Staubschicht im Juli wieder zum Vorschein. Durch dessen dunklere Oberfläche wird mehr Wärme aufgenommen, sodass der Schnee darunter zwei bis dreimal schneller schmilzt, als es ohne Saharastaub der Fall wäre.

Im Gegensatz zur Schmelzanfälligkeit der dunklen Flächen auf dem Eis schützt eine dicke Schutt- und Gesteinsschicht das Gletschereis vor dem Abschmelzen. Schon bei einer Dicke von wenigen Zentimetern ist die Schutzwirkung der Gesteinsschicht bereits größer als deren Schmelzwirkung. Häufig sind vor allem die Zungenenden der Talgletscher stark von Schutt bedeckt. Selbst wenn sich die Gletscher längst in höhere Lagen zurückgezogen haben, können abgetrennte Eismassen als Toteisblöcke in tieferen Lagen noch jahrzehntelang unter ihrer Schuttdecke fortbestehen.

Die sehr warmen Jahre 2022 und 2023 haben den Eisverlust stark beschleunigt, wodurch 10 Prozent des verbliebenen Eises der Alpen verloren gegangen sind. Das ist so viel wie in den drei Jahrzehnten von 1960 bis 1990 zusammen. Berechnungen mit Gletschermodellen hatten mittlere Eisdickenverluste von drei bis vier Metern pro Jahr erst für die Zeit nach 2050 prognostiziert. Verglichen mit dem mittleren Verlust im 20. Jahrhundert von etwa 30 Zentimetern pro Jahr, ist das gut zehnmal mehr. Während der Sommermonate konnte man beobachten, wie bei blauem Himmel die Bäche sowie kleinere Stauseen unterhalb des Großen Aletschgletschers über die Ufer traten, weil sie die enormen Schmelzwassermengen nicht fassen konnten. Unsere Gletscher gehen buchstäblich den Bach runter.

Diese extreme Gletscherschmelze wurde durch drei Faktoren stark begünstigt. Vorausgegangen war ein sehr schneearmer Winter und eine frühe Frühjahrswärme, die die geringe Schneeauflage der Gletscher bereits im Mai fast vollständig abschmolz, sodass das dunklere Eis zutage trat. Zudem hatten im zeitigen Frühling intensive Tiefdruckgebiete große Mengen an Saharastaub herangeführt und abgelagert. Dieser hüllte die Berge tagelang in ein gespenstisch anmutendes Licht. Die dunkle Schicht im Schnee kam bei der späteren Frühjahrsschmelze wieder an die Oberfläche und wirkte wie ein Turbo beim Schmelzen. Die Nullgradgrenze kletterte im August auf Rekordhöhen von 5300 Metern, was den Schnee selbst auf den höchsten Alpengipfeln, wie dem 4810 Meter hohen Mont Blanc in den französischen Alpen, schmelzen ließ. Eine Nullgradgrenze in diesen Höhen ist seit dem Beginn der Wetteraufzeichnungen noch nie vorgekommen.

Mit den abschmelzenden Gletschern ergeben sich weitreichende Folgen für die Gebirgsregionen und sogar weit darüber hinaus. Im Hochgebirge stellt sich ein neues dynamisches Druckgleichgewicht zwischen den Gletschern und den umliegenden Felswänden ein. Gletscher üben durch ihre Eismasse enormen Druck auf das Gebirge aus. Sie belasten einerseits den darunterliegenden Boden, und andererseits üben sie einen Druck auf die umliegenden Felswände aus. Geologisch betrachtet, schmelzen die Gletscher im anthropogenen Klimawandel derart schnell ab, dass der Eisdruck auf die umgebenden und nun frei liegenden Felswände schlagartig verschwindet. In der Folge passt sich das dynamische Druckgleichgewicht des Gebirges neu an, indem sich das Gestein mit Ausgleichsbewegungen in Richtung der jetzt fehlenden Gletscherlast bewegt. Es ist ein wenig so, als ob man in einem Haus zwei tragende Wände entfernt und darauf hofft, dass es schon halten werde. Diese Druckentlastung führt allerdings unweigerlich dazu, dass die Berghänge instabil werden und nachgeben. Hangrutschungen und Felsstürze, die man vielerorts bereits entlang der freigelegten Gletscherbetten beobachten kann, sind die Folge.

Wenn die zum Teil stark übertieften Gletscherbetten nach dem Rückzug der Gletscher frei liegen, bilden sich in den Eintiefungen häufig Gletscherseen. Diese können beträchtliche Ausmaße annehmen, vor allem wenn sie von einem Wall oder einer Endmoräne der Kleinen Eiszeit aufgestaut werden. In vielen Regionen der Welt sind die Moränenwälle abgeschmolzener Gletscher sehr eindrucksvoll, allerdings sind sie durch ihre oftmals nur geringe Verfestigung des Schutts nicht immer sonderlich stabil. Wenn sich der Wasserdruck durch diese Moränenwälle Bahn bricht, weil beispielsweise ein Felssturz oder Eisrutsch in den See stürzt und eine Flutwelle über die Moräne schwappt, sind die flussabwärts gelegenen Orte akut durch Sturzfluten bedroht. Eine ähnliche Gefahr droht, wenn sich große Schmelzwassermengen im Gletscher ansammeln und durch die innere Eisstruktur aufgestaut werden. Brechen solche inneren Eisdämme, kommt es ebenfalls zu unkontrollierten Wasserausbrüchen, die talwärts als Sturzfluten verheerende Ausmaße annehmen können. Diese Gefahr ist vor allem im Frühjahr zur Zeit der Schneeschmelze gegeben, aber auch sommerliche Hitzewellen oder Starkregenereignisse können dazu führen. Auch zur Zeit der Kleinen Eiszeit stauten vorrückende Gletscher mit einem instabilen Eisdamm die Abflüsse vieler Nebentäler zu großen Seen auf. Diese sind oftmals ausgebrochen und haben viele Menschenleben gekostet. Zur rechtzeitigen Warnung der Bewohner in den Tälern werden daher heutzutage immer mehr Gletscher und Gletscherseen mit Pegelmessungen überwacht. Die Installation von Frühwarnsystemen in bewohnten Gebieten unterhalb der Gletschereinzugsgebiete ist vor allem in abgelegenen Regionen mit vielen hoch gelegenen Seen, wie in den Anden und dem Himalaja, notwendig. Ohne diese Systeme muss mit vielen Toten gerechnet werden.

Hinzu kommt, dass mit der Klimaerwärmung der Permafrost im Fels sowie im Boden taut. Derzeit liegt die alpine

Permafrostgrenze, je nach Ausrichtung der Felswände nach Süden oder Norden, zwischen 3500 und 3000 Meter Höhe, es gibt aber durchaus auch tiefer gelegenen Permafrost in den Alpen. Durch die tektonische Hebung der Gebirge einerseits und die Verwitterung der Gesteine andererseits ist das anstehende Gestein von unzähligen großen und kleinen Kluftstrukturen durchzogen. Durch diese Klüfte dringt Wasser tief in das Gestein ein, friert dort und erweitert durch Volumenvergrößerung diese Klüfte. Das im Gestein vorhandene Eis kittet buchstäblich die Berge zusammen. Inzwischen taut der Permafrost auch im Hochgebirge immer mehr auf. Dadurch kommt es vermehrt auch in gletscherfreien Gebieten zu schwer vorhersehbaren Felsstürzen.

Der Gletscherschwund nimmt eine Schlüsselrolle für den Wasserhaushalt von Gebirgen ein. Dies gilt auch überregional für alle umliegenden Landschaften, die von diesem Wasser profitieren. Wenn die Gletscher erst einmal weitgehend abgeschmolzen sind, nimmt die Wasserführung der großen Flüsse im Sommer stark ab, Stauseen steht nicht mehr genug Wasser zur Stromerzeugung zur Verfügung, und der Landwirtschaft fehlen in sehr trockenen und heißen Sommern Bewässerungsmöglichkeiten. Auch der Tourismus wird den Gletscherschwund und den damit verbundenen Wassermangel empfindlich zu spüren bekommen, sowohl während der sommerlichen Wandermonate als auch in der Skisaison. Mit dem Klimawandel nimmt auch die Wahrscheinlichkeit für schneereiche Winter immer weiter ab. Eine bislang viel genutzte Alternative zum Schneemangel sind die 80 000 Schneekanonen der Alpen. Wenn man allerdings bedenkt, dass ihr Einsatz 280 Milliarden Tonnen Wasser verbraucht und so viel Strom wie eine halbe Million Haushalte benötigt und sie durch ihren vorwiegend nächtlichen Betrieb zudem die Tierwelt erheblich stören, ist ihr Einsatz alles andere als zeitgemäß.

Ihr Einsatz wird sogar subventioniert, und auch hier stellt sich die Frage, ob dies noch zeitgemäß ist. Genauso wenig sollten wir dazu übergehen, die Skigebiete in immer höhere Lagen zu verlegen, da dies mit einer weiteren Zerstörung der hochalpinen Regionen einhergehen würde. Ich selbst bin als Schüler während einer Klassenfahrt begeistert Abfahrtski gefahren. Seit ich allerdings im Sommer den Unterschied zwischen den unberührten, blühenden Almwiesen und den toten Pistenhängen gesehen habe, konnte ich dies nicht mehr mit meinem Gewissen vereinen. In einer sich erwärmenden Welt treten aber auch häufiger Extremereignisse auf, die bei lang anhaltenden Regenfällen, aber auch während heftiger Sommergewitter vermehrt zu Schlamm- und Geröllawinen, Muren, Erdrutschen und unkontrollierbaren Sturzfluten führen. Auch lang anhaltende Hitzewellen mit Trockenheit und akutem Wassermangel werden häufiger, und der extrem heiße und trockene Sommer des Jahres 2003 gab hierfür einen eindrücklichen Vorgeschmack.

Wenn sich die glitzernden Gletscher im Klimawandel zu Geröll verwandeln, hat dies nicht nur Folgen für die Menschen, die in diesen Regionen leben. Darüber hinaus bedroht es die Tier- und Pflanzenwelt der Berge empfindlich durch den zunehmenden Lebensraumverlust.

OZEANE VOLLER PLASTIKMÜLL

Es geht viel hinein in die Ozeane,
was dort nicht hingehört.
Und es wird viel herausgeholt,
was eigentlich dort bleiben sollte.

— Katrin Böhning-Gaese, Biologin

Ein landschaftsfotografisches Projekt und ein intensiver Gedankenaustausch über die Natur und die Rolle des Menschen führten mich für zehn Tage auf die Baleareninsel Formentera, die im Süden von Ibiza im Mittelmeer liegt. Dafür musste ich allerdings verantworten, dass ich mit diesem Hin- und Rückflug 625 Kilogramm CO_2 freigesetzt habe. Das ist mehr als die jährliche Pro-Kopf-Emission eines Menschen in Äthiopien. Mit diesen CO_2-Emissionen bin ich für das Schmelzen von zwei Quadratmetern Eis in der Arktis verantwortlich, wie mein Kollege Dirk Notz vom Max-Planck-Institut für Meteorologie berechnet hat. Auf der Webseite www.atmosfair.de kann man sich die Auswirkungen seiner Flugmeilen individuell ausrechnen lassen und sie gleich durch einen finanziellen Beitrag für Klimaschutzprojekte ausgleichen. Die beste Entscheidung ist natürlich, so wenig wie möglich zu fliegen.

Formentera ist berühmt für seine karibisch anmutenden Strände mit türkisblauem Wasser, aber auch für seinen meist tiefblauen Himmel. Als Meteorologe und Landschaftsfotograf bevorzuge ich zwar Wolken, aber auch ich konnte mich dem türkisblauen Zauber nicht entziehen. Viele Stunden verbrachte ich mit meiner Kamera an fast menschenleeren Stränden, schwamm im glasklaren Wasser, beobachtete die Fische und ließ meinen Gedanken freien Lauf.

Als ich am nächsten Morgen wieder an den Strand kam, war alles anders. Der Wind hatte gedreht, das Wasser war trüb und voller Plastikmüll. Verpackungen, Behälter, Netze, Tüten und Planen trieben teils vollständig, teils stark zerkleinert auf und im Wasser. Kleinste Teile glitzerten im Spiel der Wellen und des Sonnenlichts. Als vermeintliche Nahrung sammeln sie sich so in den Mägen vieler Meeresbewohner an. Diese paradiesische Landschaft hatte sich über Nacht in eine Müllhalde verwandelt. Bestürzt blickte ich auf das Wasser, und die Betroffenheit der wenigen Strandbesucher war förmlich greifbar. Ich fühlte Scham, Schuld und Trauer über den Zustand des Meeres. Ich fühlte mich angeklagt vom Wasser und allen Meeresbewohnern, von der Muschel bis zum Wal. Innerlich bat ich um Vergebung für unseren respektlosen und rücksichtslosen Umgang mit der Natur. Ich habe diesen Müll zwar nicht persönlich ins Meer geworfen, aber ich gehöre zu der Spezies, die ihn verursacht hat, und ich fördere ihn direkt und indirekt durch meinen Konsum und meinen Lebensstil. Es ist für mich unerträglich, zu wissen, dass dieser Plastikmüll immer da ist, in allen Weltmeeren. Hier auf Formentera hängt es nur von der Windrichtung ab, ob das Wasser klar ist oder wie eine Müllhalde aussieht. Aus den Augen ist eben nicht aus dem Sinn.

Also leerte ich meinen Rucksack und begann, den Müll einzusammeln. Dabei wurde ich beobachtet, und es dauerte nicht lange, bis die anderen es mir gleichtaten. Der Damm war gebrochen, und wir sammelten gemeinsam Müll ein. Die trübe Stimmung wich dem Aktivismus, etwas an dem schlimmen Zustand des Meeres ändern zu wollen. Natürlich konnten wir wenigen das Meer nicht säubern, aber die Tatsache, dass die Frustration über diesen Zustand in Tatkraft umgewandelt werden konnte, gab mir Hoffnung. Was könnten wir erreichen, wenn alle Menschen mithelfen würden, Müll in der Natur aufzusammeln, zu recyceln, nichts mehr achtlos wegzuwerfen, ganz gleich ob in der Stadt, in der Natur oder im Meer.

Durch unsere Abfälle gelangen jedes Jahr Millionen Tonnen Plastik in die Ozeane. Darunter sind auch unzählige verloren gegangene Fischernetze, die als Geisternetze in den Weltmeeren treiben und jedes Jahr schätzungsweise mehr als eine Million Meeresbewohner das Leben kosten, wenn sie sich darin verfangen. Zu den prominentesten Opfern zählen Wale, Haie, Rochen, Delfine und Schildkröten. Auch unzählige Meeresbewohner und Seevögel sterben, weil sie Plastik als vermeintliche Nahrung missverstehen. Zum einen verstopft es ihre Mägen und lässt sie verhungern. Zum anderen sind die im Plastik enthaltenen Chemikalien für den Organismus gefährlich. Plastik hat auch die Eigenschaft, andere Giftstoffe an sich zu binden. Das macht das Verschlucken von Plastik noch gefährlicher.

Dabei ist der sichtbare Plastikmüll nur die sprichwörtliche Spitze des Eisbergs. Das weitaus größere Problem ist der große Anteil des für uns unsichtbaren Mikroplastiks. Einerseits wird der große Plastikmüll durch UV-Strahlung und Wellenschlag in immer kleinere Teilchen zerlegt. Dabei handelt es sich jedoch nicht um einen Abbauprozess, sondern lediglich um eine Zerkleinerung. Zum anderen gelangt Mikroplastik direkt in die Meere. Dazu gehören Mikroplastikpartikel aus Kosmetika und Körperpflegeprodukten, die in Sonnencremes, Peelings, Zahnpasta und Make-up enthalten sind. Sie gelangen über das Abwasser in die Umwelt. Auch Granulate, Schleifabfälle, Farben und Beschichtungen tragen zur Belastung der Meere mit Mikroplastik bei. Es ist auch in Düngemitteln und Pestiziden enthalten. Hinzu kommen weltweit jährlich bis zu

550 000 Tonnen Mikroplastik, die durch den Abrieb von Autoreifen und Bremsbelägen entstehen. Auch ein Großteil unserer Kleidung aus Polyester, Nylon und Acryl trägt dazu bei. Damit belasten wir nicht nur unsere Umwelt, sondern auch uns selbst. Schätzungen zufolge essen wir jede Woche fünf Gramm davon, was dem Gewicht einer Kreditkarte entspricht. Weltweit gelangen so jährlich zwischen 4,8 und 12,7 Millionen Tonnen Plastikmüll in die Ozeane, der mit den Meeresströmungen weltweit verteilt wird.

Dabei sammelt er sich vor allem in den großen ozeanischen Wirbeln zu Müllstrudeln von mehreren Hundert Kilometern Durchmesser an. Sie sind in allen Ozeanbecken zu finden und bilden Sondermülldeponien gigantischen Ausmaßes. Der größte von ihnen ist der Great Pacific Garbage Patch, der große pazifische Müllstrudel. Er ist so groß wie Saudi-Arabien, erstreckt sich über 1,6 Millionen Quadratkilometer und liegt auf halbem Weg zwischen Kalifornien und Hawaii. In ihm befinden sich laut theoceancleanup.com rund 1,8 Billionen Plastikteile mit einem Gesamtgewicht von rund 100 000 Tonnen. Auf jeden Erdenbürger kommen also rechnerisch 250 Plastikpartikel in diesem ozeanischen Müllwirbel, und er ist nur einer von vielen.

Würde man mit dem Schiff durch ihn hindurchfahren, sähe es aus wie das verschmutzte Wasser, das ich auf Formentera gesehen habe, aber das meiste Plastik bleibt für unser Auge unsichtbar, weil es so klein ist. Es ist sehr schwierig, es wieder einzusammeln. Zudem treibt es nicht nur an der Oberfläche, sondern vermischt sich durch Wellenschlag und Strömungen mit der darunterliegenden Wassersäule und sinkt teilweise sogar in die Tiefen des Ozeans. Um nur 1 Prozent der Fläche des Nordpazifiks von Plastikmüll zu befreien, wären nach einer Studie der NOAA (National Oceanic and Atmospheric Administration) jährlich 67 Müllsammelschiffe nötig, die wiederum große Mengen an CO_2 emittierten würden. Da wir kaum technische Lösungen haben, um diesen Müll mit vertretbarem Aufwand und ohne Folgeschäden zu entfernen, sollten wir alles daransetzen, dass er gar nicht erst in die Ozeane gelangt. Die Umweltverschmutzung durch Plastik an Land und in den Meeren auf ein Minimum zu reduzieren, ist ein wichtiger Schritt in Richtung Nachhaltigkeit. Dies kann erreicht werden, indem Plastik nicht mehr Wegwerfprodukt ist, sondern in einer Kreislaufwirtschaft immer wieder verwendet wird. Allein durch Wiederverwendung und intelligentes Recycling kann laut einer Studie des Umweltprogramms der Vereinten Nationen (UNEP) bis 2040 rund die Hälfte aller Plastikabfälle vermieden werden. Darüber hinaus kann die Verwendung von Plastik reduziert und durch kompostierbare und abbaubare Verpackungen ersetzt werden. Die Kosten der Plastikverschmutzung belaufen sich weltweit auf 144 Milliarden US-Dollar pro Jahr. Sie entstehen dadurch, dass Plastik aus fossilen Rohstoffen hergestellt wird und damit zusätzliche CO_2-Emissionen in die Atmosphäre verursacht, dass die Ozeane aufwendig vom Müll befreit werden müssen, dass die verschiedenen Ökosysteme der Ozeane unter dieser Belastung leiden, und nicht zuletzt, dass Plastikmüll den Tourismus beeinträchtigt. Hier sind strenge Umweltauflagen seitens der Regierungen gefragt. Aber auch jeder Einzelne ist gefragt: Abfall minimieren, konsequent recyceln, Verpackungen so oft wie möglich wiederverwenden und vor allem darauf achten, dass gar nicht erst Müll in die Umwelt gelangt. Deshalb habe ich bei meinen Wanderungen in der Natur immer einen Beutel dabei, in dem ich Müll sammle, der mir unterwegs begegnet. Plastikmüll ist von uns, also können wir ihn auch vermeiden.

DAS ARTENSTERBEN

Wir verbrennen das Buch des Lebens bevor wir es gelesen haben.

— Hans Joachim Schellnhuber, Klimaforscher

Wir Menschen hinterlassen unseren Fußabdruck in den geologischen Sedimenten der Erde. Was wird eine andere intelligente Spezies in ferner Zukunft von uns vorfinden, wenn sie auf die Erdschicht stößt, die unsere Überreste enthält? Eine Technosphäre voller Plastikmüll, Computerchips, Aluminium, Ruß, Beton, Atommüll und Fossilien. Diese Erdschichten tragen die Spuren des größten Massensterbens in der Geschichte des Planeten in sich. Diese Wesen werden die Ursachen dieser globalen Katastrophe erforschen, die das Ende der Menschheit und der meisten Tiere und Pflanzen dieser Zeit bedeutete. Sie werden herausfinden, dass eine intelligente Spezies namens Homo sapiens ihren Planeten in rasender Geschwindigkeit zerstört hat. Trotz ihrer unbestreitbaren Intelligenz waren sie nicht in der Lage, ihren Planeten mit Empathie zu behandeln. Sie übernutzten und zerstörten ihre Lebensgrundlagen

Bunte Vielfalt. Die Wildblumen in meinen Balkonkasten inmitten der Großstadt sind unwiderstehlich für eine Vielzahl von Vögeln. Im tiefen Abendlicht kommt regelmäßig ein Stieglitzpärchen (Carduelis carduelis), auch Distelfink genannt, um sich ich an den Samen gütlich zu tun. Es ist eine Freude, mit wie wenig Aufwand sich die bunte Vielfalt der Singvögel mehren lässt.

bis zum Aussterben. Dies geschah zum ersten Mal in der Geschichte des Planeten. Sie versuchten sogar, ihren Planeten zu verlassen, um ferne Planeten zu erobern, scheiterten aber an den technischen Möglichkeiten. So wie wir die Überreste der Dinosaurier ausgraben und in Museen bestaunen, wird diese hypothetische Spezies nach uns unsere Skelette finden und sich über seltsame Artefakte wie Zahnimplantate, künstliche Hüften oder Kniegelenke wundern.

Um dieses Szenario zu verhindern, müssen wir als Menschheit erkennen und verstehen, wie unser Planet funktioniert und wie unser tägliches Leben die Natur beeinflusst. Wir müssen lernen umzudenken und neue, nachhaltige Narrative und Strategien im Umgang mit unserem Planeten entwickeln, die uns dazu bringen, mit der Natur und den Ökosystemen zu leben und nicht wie bisher gegen sie. Nur dann kann der Aufstieg des Homo sapiens doch noch zu einer Erfolgsgeschichte auf diesem Planeten werden.

Auf der Erde leben heute schätzungsweise acht Millionen Arten unterschiedlichster Lebewesen. Ihre Vielfalt bildet die Biodiversität, und aus ihrem Zusammenwirken mit den anorganischen Bestandteilen der Erde entsteht das Geflecht der verschiedenen Ökosysteme. Auch sie sind einem ständigen Wandel unterworfen, der meist in einer Geschwindigkeit abläuft, die eine Anpassung und damit das Überleben einzelner Arten ermöglicht und den Fortbestand des Ökosystems sichert. Für uns Menschen ist die Zerstörung der Natur ein schleichender Prozess, den wir, isoliert in unseren Städten lebend, oft gar nicht oder nur sehr indirekt wahrnehmen. Das liegt wiederum daran, dass unser kurzsichtiges Zeitempfinden nicht auf die Natur übertragbar ist. Was uns lang erscheint, geschieht für die Lebewesen und ihre Ökosysteme in rasender Geschwindigkeit. Sie sind immer weniger in der Lage, sich an eine sich immer schneller verändernde Welt anzupassen.

So machen wir Wälder zu Klimaflüchtlingen und Tiere zu Vertriebenen. Ganze Ökosysteme müssen sich an veränderte Klimabedingungen anpassen, der Übernutzung standhalten, und die darin lebenden Arten müssen in kürzester Zeit abwandern oder erhebliche Anpassungsleistungen erbringen. Unsere Infrastruktur und die Fischernetze in den Ozeanen stehen ihnen dabei oft buchstäblich im Weg. Der Fortbestand der Artenvielfalt und der Ökosysteme wird davon abhängen, wie wir Menschen uns in Zukunft verhalten.

Jedes Jahr werden 100 000 Quadratkilometer Wald vernichtet, eine Fläche so groß wie Island, und mehr als ein Drittel der ursprünglichen Waldfläche ist bereits verloren gegangen, wodurch sich die Biomasse der Vegetation halbiert hat. Mit diesen Naturflächen sind wichtige Lebensräume für Pflanzen und Tiere verloren gegangen, und es ist nicht einmal im Detail bekannt, was dort gelebt hat. Durch die veränderte Landnutzung wandeln sich diese Gebiete oft von natürlichen CO_2-Senken zu CO_2-Quellen und verlieren ihre Möglichkeit, Wasser und Luft zu reinigen, Sauerstoff zu produzieren und ihre Böden zu erhalten. Heute machen Menschen und ihre Tiere, darunter Rinder, Schweine, Schafe und Ziegen, 96 Prozent der Biomasse aller Säugetiere aus. Nur 4 Prozent machen alle anderen Säugetierarten aus. Dazu gehören Nashörner, Elefanten, Giraffen, Tiger, Bären und Wale ebenso wie Ratten, Mäuse, Katzen, Dachse und Eichhörnchen. Den Eisbären schmilzt der Lebensraum buchstäblich unter den Pranken weg, Elefanten und Nashörner werden nach wie vor wegen ihres Elfenbeins und Horns gewildert. Auch die Vogelpopulationen sind stark zurückgegangen. Mittlerweile machen Hühner 70 Prozent der Biomasse der Vögel aus. Während die Zahl der Hühner stetig steigt, nimmt die Zahl der wild lebenden Vögel drastisch ab. Ein besorgniserregender Trend, denn allein in Deutschland sind die Bestände vieler Vogelarten um bis zu 90 Prozent zurückgegangen. In den tropischen Regenwäldern sind mehr als 47 Prozent aller Pflanzenarten vom Aussterben bedroht, weltweit sind es 25 Prozent. Die Masse der von uns produzierten Materialien übersteigt sogar die natürliche Biomasse.

Die Landwirtschaft beansprucht mehr Fläche als alle noch vorhandenen Wälder. Auf diesen Flächen haben wir die Biodiversität der Erde so weit verarmt, dass zwölf Pflanzen- und fünf Tierarten für die Grundversorgung der Menschheit ausreichen. Mit dieser reduktionistischen Sichtweise unterteilen wir die Flora nur noch in Nutzpflanzen und Unkräuter und die Fauna in Nutztiere und Schädlinge. Doch wie sehr der Verlust der Artenvielfalt in unser Leben eingreift, wird in unseren Gesellschaften leider allzu oft in Geld gemessen: Das World Economic Forum in der Schweiz sieht 50 Prozent der weltweiten Wirtschaftsleistung durch die Zerstörung der Natur bedroht.

Maßgeblich dafür mitverantwortlich ist der Rebound-Effekt. Jede Form der Effizienzsteigerung moderner Technologien wird dadurch zunichtegemacht, dass wir durch unser Narrativ des grenzenlosen Wirtschaftswachstums eine Massenproduktion betreiben, die immer mehr Ressourcen benötigt. Zudem nutzen wir diese Produkte weder nachhaltig, noch reparieren wir sie. Die technologischen Fortschritte der letzten Jahrzehnte haben dazu geführt, dass Maschinen effizienter arbeiten, weniger verbrauchen und gleichzeitig mehr Leistung erzielen. Das ist die richtige Richtung, aber diese Effizienzsteigerung hat nicht dazu geführt, dass wir weniger Treibhausgase emittieren. Ganz im Gegenteil, die große Beschleunigung der letzten Jahrzehnte hat für den höchsten Treibhausgasausstoß in der Geschichte der Menschheit gesorgt, den Raubbau an der Natur maximiert und die Übernutzung der Ökosysteme so weit voranschreiten lassen, dass die Erde unseren Hunger nach Nahrung, Energie und Wohlstand nicht mehr stillen kann. Deswegen wurde der Erdüberlastungstag im Jahre 2023 bereits am 2. August erreicht.

Die Zahl der in Deutschland zugelassenen Pkw hat sich von 1960 bis heute auf 60 Millionen verzehnfacht. Damals waren Autos stinkende Spritfresser, heute sind sie zweifelslos effizient und teilweise sogar elektrisch betrieben. Dennoch ist ihre Anzahl stärker angestiegen, als es ihre bessere Umweltverträglichkeit aufwiegen kann. Dies liegt auch daran, dass sich das Gewicht der Autos im Vergleich zu 1960 fast verdoppelt hat. Diese erhöhte Masse braucht mehr Energie, um angetrieben zu werden. Während sich der durchschnittliche Treibstoffverbrauch auf 100 Kilometer seit 1960 fast halbiert hat, verzehnfachte sich die Zahl der Autos. Zudem fahren wir mehr und weitere Strecken. Nicht anders verhält es sich bei der Produktion von Schiffen und Flugzeugen. In den 1980er-Jahren waren auf Kurz- und Mittelstrecken weltweit wenige Tausend Flugzeuge im Einsatz, heute sind es mehr als 20 000, die zudem häufiger fliegen. Zudem sind heute mehr als 8000 Langstreckenflugzeuge im täglichen Einsatz. In den 1980er-Jahren waren es weniger als 1000. Auch Flugzeugtriebwerke haben eine enorme Effizienzsteigerung und Absenkung des Kerosinverbrauchs erfahren, die aber durch die zunehmende Anzahl zunichtegemacht wird. Auch die Wohnfläche pro Kopf hat zugenommen, was Städte weiter anwachsen lässt und weitere Naturzerstörung nach sich zieht.

Wir bringen auch den Rhythmus eingespielter Naturprozesse durcheinander. Mit der Erwärmung verlängert sich die Vegetationsperiode, was die Pflanzen anfälliger für Kälteeinbrüche und Frost macht. Tiere erwachen früher aus dem Winterschlaf und finden nicht immer geeignete Bedingungen vor. Vögel brüten früher, sodass die Jungtiere häufiger kalte Nächte überstehen müssen.

Da alles miteinander zusammenhängt, haben der Verlust der Artenvielfalt, der Rückgang der Populationen innerhalb einer Art und der Rückgang der naturbelassenen Flächen auch Auswirkungen auf den Klimawandel. Die Biosphäre nimmt derzeit etwa 29 Prozent unserer CO_2-Emissionen auf, die Ozeane speichern weitere 28 Prozent. Das reduziert unsere Klimasünden um 57 Prozent. Doch je weniger Wälder zur Verfügung stehen, je mehr Moore trockengelegt werden, je mehr Permafrostböden auftauen, je wärmer das Ozeanwasser wird, je schneller der Meeresspiegel steigt und der pH-Wert der Ozeane sinkt, desto geringer wird die Bremswirkung der Natur. Mit diesen abnehmenden Ökosystemdienstleistungen wird die Klimawende eine immer größere Herausforderung. Bislang geht unser Aufstieg mit dem Niedergang der Natur einher. Die Natur ist aber kein Selbstbedienungsladen. Wenn im Supermarkt niemand die leer gekauften Regale wieder auffüllt, bleiben sie leer. In der Natur ist es nicht anders. Wenn wir unser Wissen über die Zusammenhänge der Natur und die Fakten über den Zustand unseres Planeten nicht schnell und konsequent umsetzen, ist unsere eigene Existenz auf diesem Planeten gefährdet. Deshalb ist es wichtig, dass wir, liebe Leserinnen und Leser, als Hüter der Natur agieren, diese Botschaft weitertragen und so den Druck der Öffentlichkeit auf unsere politischen Entscheidungsträger erhöhen.

Die Hälfte der Ökosysteme der Erde ist bereits geschädigt, seien es Wälder, Wiesen, Moore, Flüsse, Seen und Gebirge, aber auch die Ozeane. Die Gründe dafür sind vielfältig: die Flächennutzung der Landwirtschaft, der Einsatz von Herbiziden zur Bekämpfung von Pflanzen, Fungiziden zur Pilzbekämpfung und von Insektiziden zur Schädlingsbekämpfung, die Bodenversiegelung durch Städte, Industrie und Verkehrswege, die Verschmutzung von Böden, Luft und Wasser, Klimawandel, umweltschädlicher Abbau von Bodenschätzen, Übernutzung von Ökosystemen, Ausbeutung von Arten, Raubbau an der Natur, eingeschleppte invasive Arten und Krankheiten, Hindernisse für die Wildtierausbreitung wie Verkehrswege und Zäune sowie Wilderei. Allein die Fläche unserer Städte hat sich in den letzten 30 Jahren mehr als verdoppelt.

Unser Verhalten gegenüber der Natur ist ebenso tiefgreifend wie gefährlich, denn es betrifft die gesamte Biodiversität der Erde. Dazu gehört der Rückgang der Individuen innerhalb der Arten, lange bevor sie auf der Roten Liste der bedrohten Arten stehen. Das Aussterben von Arten führt zu einer Abnahme der Artenvielfalt und bedroht damit die Ökosysteme, auf deren intaktes Funktionieren wir angewiesen sind. So stehen bereits über 44 000 der von der Weltnaturschutzunion IUCN (Union for Conservation of Nature's Red List of Threatened Species, www.iucnredlist.org) gelisteten Pflanzen und Tiere weltweit auf der Roten Liste der bedrohten Arten. Bis Anfang 2023 konnten 157 100 Arten auf ihre Populationsdichte hin untersucht werden, d.h., 28 Prozent von ihnen sind bereits so stark gefährdet, dass sie vom Aussterben bedroht sind. Ganz oben auf der Roten Liste stehen 70 Prozent der urtümlichen Palmfarne, der Cycadophyta. Ihr Verlust wäre tragisch, denn sie gehören zu den lebenden Fossilien der Flora des großen Südkontinents Gondwana und bildeten die Wälder der Saurierzeit. Ihre Abstammungslinien reichen 250 Millionen Jahre zurück – wollen wir ihrer Erfolgsgeschichte wirklich ein Ende setzen? Hinzu kommen 41 Prozent der untersuchten Amphibien, zu denen Frösche, Kröten und Molche gehören, und 37 Prozent der Haie und Rochen. Haie sind ebenfalls lebende Fossilien, ihr Stammbaum reicht sogar 400 Millionen Jahre zurück. Sie sind so erfolgreich, dass sie sogar zwei der größten Massensterben der Erdgeschichte überlebt haben, darunter den Asteroideneinschlag, den die Dinosaurier nicht überlebt haben. Es ist unsere Verantwortung als Menschheit, diese Erfolgsgeschichte der

Evolution nicht abrupt zu beenden. Vom Aussterben bedroht sind auch 36 Prozent der riffbildenden Korallen, 34 Prozent der Zapfen tragenden Nadelbäume, 30 Prozent der einheimischen Wildpflanzen, 28 Prozent der Krebstiere, 26 Prozent der Säugetiere, 21 Prozent der Reptilien, zu denen auch Schlangen und Eidechsen gehören, und 12 Prozent der Vögel, deren Bestände stark eingebrochen sind. Betroffen sind auch die Insekten, die allein in Teilen Deutschlands in nur 27 Jahren 76 Prozent ihrer Biomasse eingebüßt haben. Ironischerweise bemerken wir das am ehesten, wenn wir beim Autofahren auf der Autobahn immer weniger Insekten an unserer Windschutzscheibe kleben sehen. Etwa 90 Prozent der wild blühenden Pflanzenarten und 75 Prozent unserer Nutzpflanzen, darunter Obst und Gemüse, aber auch Kaffee- und Kakaopflanzen sind auf die Bestäubung durch Insekten angewiesen. Laut dem Weltbiodiversitätsrat IPBES (Intergovernmental Science-Policy Platform on Biodiversity and Ecosystem Services) ist die Leistung der Insekten für uns jährlich bis zu 577 Milliarden Dollar wert. Es ist geradezu absurd, darüber nachzudenken, sie in Zukunft durch Drohnen oder fleißige Menschen zu ersetzen. Stattdessen könnten wir den Insekten einfach ihre Wildblumenwiesen und natürlichen Lebensräume zurückgeben – mit vielen positiven Nebeneffekten gratis, denn Insekten sind auch Nahrungsquelle für Vögel, Fledermäuse, Amphibien, Reptilien und Fische. Nicht zuletzt betrifft das Artensterben auch die im Boden lebenden Organismen, darunter die für die Bodenaufbereitung so wichtigen Würmer.

Diese Zahlen zeigen, dass sich das Artensterben durch alle Pflanzen- und Tiergesellschaften zieht. Von den rund acht Millionen Arten auf dem Planeten sind schätzungsweise eine Million bereits vom Aussterben bedroht. Rund 10 Prozent der genetischen Vielfalt von Pflanzen und Tieren sind allein in den letzten 150 Jahren verloren gegangen.

Das Aussterben von Arten gehört zum natürlichen Prozess der Evolution. Diese Hintergrundaussterberate wird überlagert von der Zahl der zusätzlich aussterbenden Arten, die durch menschliche Aktivitäten verursacht werden. Die vom Menschen verursachte Aussterbewelle ist 100- bis 1000-mal höher als der natürliche Wert. Wie wir noch sehen werden, übertrifft sie sogar den Wert des größten Massensterbens in der Erdgeschichte. Angesichts dieser Zahlen wird deutlich, wie gefährlich dieser Eingriff in unsere eigenen Lebensgrundlagen ist. Derzeit schwindet die Artenvielfalt der Erde schneller, als wir sie entdecken, beschreiben und erforschen können. Wie hoch der Anteil der sogenannten »Dark Taxa«, also der noch nicht entdeckten Arten ist, ist unbekannt. Der Klimaforscher Hans Joachim Schellnhuber formuliert diesen Zusammenhang mit mahnenden Worten: »Wir verbrennen das Buch des Lebens, bevor wir es gelesen haben.« Etwa alle zehn Minuten verlieren wir unwiederbringlich eine weitere Art. Die Evolution hat viele Millionen Jahre benötigt, um diese eingespielten Ökosysteme mit ihrer Artenvielfalt hervorzubringen. Mit unserem Aufstieg haben wir dieses dynamische Gleichgewicht tiefgreifend verändert, beschleunigt in den letzten 170 Jahren.

Aussterben bedeutet nicht, dass die Populationsdichte innerhalb einer Art abnimmt, sondern dass das letzte Tier seiner Art unwiderruflich stirbt. Dadurch verarmt die Biodiversität, und die ausgestorbenen Arten fehlen im Geflecht des Ökosystems, das sich dadurch verändert. Gehen zu viele Arten verloren oder sterben Schlüsselarten aus, können ganze Ökosysteme kollabieren. Wie lebenswichtig diese Artenvielfalt für uns ist, merken wir erst, wenn wir sie verloren haben. Das Problem ist, dass wir sie dann nicht mehr zurückbekommen. Auch hier gibt es eine Parallele zum Klimawandel: Wir können ihn nicht mehr umkehren, aber wir können ihn aufhalten.

Nur noch 25 Prozent der weltweiten Ökosysteme gelten als weitgehend intakt. Dazu gehören all jene, in denen der Mensch noch keine signifikanten Spuren hinterlassen hat oder die von indigenen Völkern bewohnt werden. Ein Beispiel dafür ist die Tiefsee. Durch unser unstillbares Verlangen nach Bodenschätzen gerät die Tiefsee wegen ihrer reichen Manganknollenvorkommen immer mehr in den Fokus der Ausbeutung. Es käme einer Bankrotterklärung der Menschheit gleich, sich an diesem Lebensraum zu vergreifen, zumal wir nicht einmal wissen, welche Auswirkungen dies hätte. Das Ökosystem der Ozeane ist weitaus vielfältiger als das der Landoberflächen. Man schätzt, dass etwa 80 Prozent aller existierenden Arten in den Meeren leben, und jedes Jahr werden etwa 2000 neue Arten entdeckt. Da wir über die Oberfläche des Mars mehr wissen als über den Inhalt unserer Ozeane, tun wir gut daran, sehr sorgsam mit diesen Ökosystemen umzugehen. Das zeigen auch die Zahlen zur Fischerei. Mittlerweile sind ein Drittel der weltweiten Fischbestände dauerhaft und 60 Prozent bis an die Grenzen ihrer Belastbarkeit überfischt. Hinzu kommt die Zerstörung der Lebensräume durch Grundschleppnetze, die den Meeresboden aufwühlen und mit ihrem hohen Anteil an unerwünschtem Beifang die Existenz bodenbewohnender Spezies gefährden.

Der Bericht Global Land Outlook 2 der Vereinten Nationen stellt fest, dass bis zu 40 Prozent der Landoberflächen des Planeten so stark degradiert sind, dass sie unsere aktive Hilfe bei der Renaturierung benötigen. Die derzeitigen Zusagen der Nationen, bis 2030 eine Fläche von der Größe Kanadas zu renaturieren, erfordern 1,6 Billionen US-Dollar über einen Zeitraum von zehn Jahren – im Vergleich dazu belaufen sich die weltweiten Subventionen für fossile Brennstoffe und schädliche landwirtschaftliche Praktiken im selben Zeitraum auf geschätzte sieben Billionen US-Dollar. Wir haben einen Prozess in Gang gesetzt, der einer Enteignung der Natur gleichkommt.

Im Gegensatz zum Klimawandel, der uns durch das Schmelzen der Gletscher und des polaren Meereises sowie durch die sich häufenden Extremwetterereignisse deutlich vor Augen geführt wird, ist das Artensterben ein vergleichsweise unauffälliger Prozess, gewissermaßen ein stiller Tod. Er findet im Wesentlichen außerhalb unserer Städte statt und wird uns erst dann bewusst, wenn ganze Ökosysteme an ihre Belastungsgrenzen stoßen. Deshalb macht der Rückgang der Bestäuber, allen voran der Bienen, Schlagzeilen, aber die Problematik betrifft längst eine Vielzahl der irdischen Ökosysteme.

Das Artensterben ist eine existenzielle Krise, die von uns ausgelöst wurde und auch nur von uns aufgehalten werden kann. Was ausgestorben ist, kommt nicht wieder. Wie beim Klimawandel könnten wir auch beim Biodiversitätsverlust den jetzigen Zustand einfrieren und hätten damit schon viel gewonnen, da sich der Zustand der Natur nicht weiter verschlechtern würde. Wir müssen bedenken, dass das Ausmaß des Klimawandels darüber entscheiden wird, wie wir leben werden, während das Artensterben darüber entscheiden könnte, ob wir überhaupt überleben werden.

DIE SYMBIOSEN DER ÖKOSYSTEME

In der Natur gibt es keine Einzelgänger. Alles ist miteinander verbunden und bildet ein komplexes Netzwerk von Symbiosen, das die Grundlage für die Stabilität und Funktionsfähigkeit der Ökosysteme bildet.

— Sylvia Earle,
Meeresbiologin und Ozeanografin

Wie wir gesehen haben, sind Pflanzen autotrophe Lebewesen. Mit ihrem fotosynthetischen Leben sind sie nur auf Sonnenlicht, Wasser und Nährstoffe aus dem Boden angewiesen. Tiere und wir Menschen sind heterotroph und brauchen andere Lebewesen als Nahrung, um zu überleben. Dies gilt sowohl für Pflanzenfresser als auch für Fleischfresser. Allerdings neigen Tiere nicht wie wir Menschen dazu, den Planeten zu übernutzen und grundlegend zu verändern. Sie entnehmen dem Ökosystem nicht mehr, als sie zum Überleben brauchen. Ein solches Leben ist nachhaltig, klimaschonend und symbiotisch mit dem Ökosystem. Eine symbiotische Lebensweise drückt sich durch Mutualismus aus, bei der alle Seiten auf die eine oder andere Weise von den Beziehungen profitieren. Insekten sammeln Nektar und Pollen von Blütenpflanzen und sorgen so durch Bestäubung für deren Vermehrung. Vögel und Säugetiere fressen Samen und Früchte und sorgen so für die Verbreitung der Flora. Die Bakterien in unseren Zellkraftwerken, den Mitochondrien, versorgen uns mit Energie, und wir stellen ihnen im Gegenzug Nahrung und einen sicheren

Lebensraum zur Verfügung. Korallen leben in Symbiose mit einzelligen Algen. Die Algen liefern alle Nährstoffe, und die Korallen bieten den Algen einen geschützten Lebensraum. Bäume und Pilze gehen über das Wurzelwerk eine Symbiose ein. Dabei umhüllt das Pilzmyzelium die Baumwurzeln und bildet ein fadenförmiges Netzwerk im Boden aus, mit dem es dem Boden Nährstoffe wie Phosphor- und Stickstoffverbindungen entziehen, die für das Wachstum der Bäume wichtig sind. Im Gegenzug erhalten die Pilze von den Bäumen überlebenswichtige organische Verbindungen. Außerdem vergrößert das Pilzgewebe die Oberfläche der Baumwurzeln, wodurch sie in trockenen oder nährstoffarmen Jahren besser mit Stress umgehen können. Darüber hinaus schützen die symbiotischen Pilze die Bäume vor Krankheiten und Schädlingen, machen sie resistenter und resilienter.

Flechten sind eine Symbiose aus Pilzen, Algen und Cyanobakterien. Auch hier liefern die Algen und Cyanobakterien die Nahrung, während der Pilz ihnen eine stabile Umgebung zum gegenseitigen Nutzen bietet. Die Cyanobakterien haben wir bereits kennengelernt, sie waren die ersten, die Fotosynthese betrieben. Sie produzierten den Sauerstoff, der sich in der Atmosphäre ansammelte und die schützende Ozonschicht bildete. Flechten sind auf saubere Luft angewiesen, daher ist ihr Vorkommen ein Indikator für gute Umweltbedingungen. Am häufigsten sind sie als Pioniere im Hochgebirge und in den Polarregionen anzutreffen, wo sie Steine besiedeln und über lange Zeiträume die ersten Böden bilden, die später von Pionierpflanzen zur Besiedlung genutzt werden. Böden bestehen aus abgestorbenem Pflanzenmaterial. Solange diese Biomasse nicht unter Sauerstoffzufuhr zersetzt wird, speichern Böden erhebliche Mengen des atmosphärischen CO_2 als gebundenen Kohlenstoff. Auf diese Weise enthalten Böden mehr als viermal so viel CO_2, wie sich in der Atmosphäre und allen Pflanzen

der Erde zusammen befindet, und sind damit ein wichtiger Regulator im Klimasystem. Deshalb ist die Schädigung der Böden durch viele landwirtschaftliche Praktiken gefährlich, weil dadurch ein großer Teil des Bodenkohlenstoffs als CO_2 wieder in die Atmosphäre entweicht.

Auch Raubtiere leben in Symbiose mit ihrem Ökosystem, was für uns nicht leicht zu erkennen ist, schließlich töten sie andere Tiere, um zu überleben. Tatsächlich ist diese Symbiose komplexer, da Raubtiere viele Arten als Beute haben. Sie regulieren die Population der Beutetiere, was das dynamische Gleichgewicht des gesamten Ökosystems stabilisiert. Auch im Boden wühlende Raubtiere sorgen für ein stabiles Ökosystem, weil sie den Boden durchlüften, was die Fruchtbarkeit der Böden erhöht und das Pflanzenwachstum fördert. Außerdem sorgen Aasfresser für ein gesundes Ökosystem, indem sie die Ausbreitung von Krankheiten eindämmen und bei der Verteilung von Nährstoffen helfen.

So wird das Netzwerk der Ökosysteme zum Nutzen aller ausbalanciert. Dies zeigt auch, dass Ökosysteme mehr sind als die Summe ihrer Bestandteile. Sie funktionieren nach dem Prinzip der Emergenz, bei dem neue Systemeigenschaften durch das Zusammenwirken der beteiligten Spezies und den Bestandteilen des Erdsystems entstehen. Auch unser Körper funktioniert nach diesem Prinzip. Aus der Zusammenarbeit unserer Organe und anderen Bestandteile entstehen neue emergente Eigenschaften: Muskeln und Knochen können für

Bristlecone Kosmos. Die seltenen Borstenzapfenkiefern (*Pinus longaeva*) in den White Mountains an den Osthängen der Sierra Nevada gedeihen in über 3000 Meter Höhe unter trockenen, hochalpinen Bedingungen. Mit einem Alter von bis zu 4800 Jahren sind sie die ältesten lebenden Bäume der Welt. Ihr morbides Aussehen mit den spektakulär verdrehten Wuchsformen erwecken zu Unrecht den Eindruck, dass sie nicht mehr am Leben seien.

sich genommen nicht laufen und ein Gehirn ohne Blut und Herz nicht denken. Sämtliche unserer Emotionen sind emergente Eigenschaften. Schädigen wir die Bestandteile unseres Körpers, werden wir krank oder sterben, was die Emergenz zusammenbrechen lässt. Mit den Ökosystemen verhält es sich nicht anders. Dies zeigt sich in den Mustern der Artenvielfalt, der Nahrungsketten und der Nahrungsnetze. Dazu gehört die Selbstregulierung der Populationsdichten durch Raub- und Beutetiere, die sich auch auf die Pflanzengesellschaften auswirkt. Dazu gehört auch die Konkurrenz um die vorhandenen Ressourcen, die zu komplexen Wechselwirkungen und einer Vielfalt von Pflanzenarten führt, wenn sie z. B. durch unterschiedliche Wuchsgeschwindigkeiten, Wuchshöhen oder Wuchsdichten um Licht, Wasser und Nährstoffe konkurrieren.

Diese emergenten Eigenschaften steuern die Stabilität, Resilienz und Funktionsweise der Ökosysteme und helfen ihnen, auf Veränderungen selbsterhaltend zu reagieren. Dies funktioniert jedoch nur, wenn die Veränderungen nicht zu schnell und zu tiefgreifend sind. Die Selbstregulation von Ökosystemen funktioniert dabei ähnlich wie im Klimasystem über verstärkende und dämpfende Rückkopplungsschleifen, durch die dynamische Gleichgewichtszustände ständig angepasst und aufrechterhalten werden. Auch das Schwarmverhalten, wie man es bei Vögeln, Fischen, Herden oder Insekten beobachten kann, ist eine emergente Eigenschaft, bei der individuelle Tiere in großen Gruppen zusammenarbeiten, um sich effektiv vor Räubern zu schützen oder Nahrungsquellen effizienter zu erschließen. Auch die sogenannten Ökosystemdienstleistungen, wie sauberes Wasser, gute Luft und die Mitwirkung an der Klimaregulierung, sind emergente Eigenschaften von Ökosystemen, die von einzelnen Spezies nicht erbracht werden können. Es ist die Artenvielfalt, die nach dem Prinzip

»gemeinsam und vielfältig sind wir stark« funktioniert. Ökosysteme sind dadurch in der Lage, eine Vielzahl möglicher natürlicher Stressfaktoren wie Wärme, Kälte, Nässe, Trockenheit, Feuer und Nahrungsangebot abzupuffern. Die Artenvielfalt, von Mikroorganismen bis hin zu Bäumen und Großtieren, ermöglicht es dem Ökosystem, widerstandsfähig zu sein und die Gesamtfunktion des Ökosystems aufrechtzuerhalten, auch wenn einzelne Arten durch sich verändernde Bedingungen vorübergehend gestresst werden. Das ist auch der Grund, warum ein Rasen bei Trockenheit verdorrt, während eine artenreiche Wildblumenwiese weiterwächst und dort immer etwas blüht.

Diese vielfältigen Wechselbeziehungen zwischen den Arten der Ökosysteme machen nicht nur deutlich, wie komplex ihr Geflecht ist, sondern auch, wie negativ sich zu tiefe Eingriffe durch uns Menschen auf dieses lebenswichtige Netz des Lebens auswirken. Es wird auch deutlich, warum die von uns bevorzugten Kulturlandschaften und Monokulturen so anfällig für Störungen und Schädlinge sind. Wenn die Vielfalt verloren geht, können sich Störungen sogar verstärken, weil die Widerstandsfähigkeit und Selbstregulation fehlen.

Pflanzen und Tiere neigen selten zur Übernutzung ihrer Ökosysteme, und wenn, dann nur kurzfristig und regional begrenzt. Meist ist der Mensch der Auslöser. Es ist der Mensch, der sich nicht an die Spielregeln der Natur hält und damit die eingespielten dynamischen Gleichgewichte der Natur so stark stört, dass sie an ihre Kipppunkte geraten. Das Ökosystem Ozean kann nicht funktionieren, wenn wir die Meere schneller leer fischen, als sich die Fische vermehren können, und das Ökosystem Wald funktioniert nicht ohne Bäume. So banal das klingt, so sehr ist es in der heutigen Welt Realität.

Wer wie ich seine Wurzeln und sein Zugehörigkeitsgefühl zur Erde nicht verloren hat, wird verstehen, warum ich mich in der Natur zu Hause fühle, was mir im Großstadtdschungel nicht gelingt. Die Natur bietet mir die Möglichkeit, mich im wahrsten Sinne des Wortes zu erden und mich mit ihr zu verbinden. Ich bin Landschaftsfotograf geworden, um den Menschen die noch weitgehend unberührte Schönheit der Erde näherzubringen, und lege all meine Emotionen, die ich im Kontakt mit der Natur verspüre, in diese Fotografien. Deshalb wünsche ich mir oft, ich könnte die politischen Entscheidungsträger und militärischen Führer dieser Welt auf eine Expedition in die Natur und damit auf eine Forschungsreise zu sich selbst mitnehmen. Oft höre ich, dass der Aufenthalt in der Natur uns aus unserer Komfortzone herausführt. Für mich hingegen beginnt die Komfortzone, sobald ich in der Natur angekommen bin. In der Wiederentdeckung dieses Kontakts mit der Natur liegt ein enormes Potenzial auf dem Weg in eine nachhaltige und friedliche Zukunft.

EIN TIEFER EINGRIFF IN DIE EVOLUTION

> *Wenn man immer mehr desselben tut,*
> *was nicht funktioniert, hat man ein Problem.*
> *Probleme kann man niemals mit derselben Denkweise lösen,*
> *durch die sie entstanden sind.*
>
> — Albert Einstein, Physiker

Kürzlich habe ich in der Eiszeit-Ausstellung der Bundesgartenschau in Mannheim die Skelette und Rekonstruktionen von Mammuts, Wollnashörnern und Höhlenlöwen bewundert. Diese majestätischen Großsäuger bildeten eine reiche Megafauna, die während der Eiszeitzyklen weite Teile des Planeten bevölkerte. Dazu gehörten auch Riesenfaultiere und die beeindruckende Säbelzahnkatze Smilodon. Sie alle starben innerhalb weniger Jahrhunderte aus, als der Mensch auf die jeweiligen Kontinente vordrang. Unsere Ankunft auf den verschiedenen Kontinenten bedeutete ihren Untergang. Es ist ein evolutionäres Merkmal aller Großtiere, dass sie eine geringe Fortpflanzungsrate haben. Dies stellt sicher, dass sie nicht zu zahlreich werden und damit ihre Umwelt zu stark verändern. Doch genau diese Eigenschaft wurde ihnen durch den Menschen zum Verhängnis, denn bildlich gesprochen konnten sie den vielen Mammut-BBQs nicht standhalten. Unsere Vorfahren haben sie einfach alle aufgegessen, aus ihren Knochen Werkzeuge hergestellt und ihre Felle als Kleidung verwendet. Das war vor Zehntausenden von Jahren, als wir noch Jäger und Sammler waren. Es war der Beginn unseres Ausstiegs aus der Symbiose mit der Natur. Kein Raubtier hatte bis dahin ein Interesse daran, seine Nahrungsquelle auszurotten. Dieser Zeitraum markiert den Beginn der Auslöschung von Millionen Jahren Evolutionsgeschichte. Die Wahrscheinlichkeit, dass der Mensch das Massensterben dieser Säugetiere ausgelöst hat, liegt bei erdrückenden 96 Prozent. Dass ihnen die Klimaschwankungen zwischen Eis- und Warmzeiten nicht zum Verhängnis wurden, zeigt die Tatsache, dass sie diese auch vor der Ankunft des Menschen unbeschadet überstanden haben. Sie konnten sich an die langsamen, natürlichen Klimaveränderungen anpassen, nicht aber an die rasche und systematische Bejagung durch den Menschen.

Der moderne Mensch hat sich vor 300 000 bis 200 000 Jahren in Nordafrika entwickelt. Unsere Wiege stand vermutlich im heutigen Äthiopien. Dass wir es nicht genauer wissen, liegt an der geringen Anzahl an Fossilien, die erhalten geblieben sind. Als wir entstanden, waren wir noch nicht sehr zahlreich, und an Land sind die Überreste von Lebewesen viel seltener erhalten als auf dem Meeresboden. Afrika haben wir vermutlich vor etwa 120 000 Jahren verlassen. Über den Nahen Osten gelangten wir vor etwa 60 000 Jahren nach Australien. Vor 40 000 Jahren drangen wir nach Europa vor, und vor 20 000 Jahren, auf dem Höhepunkt der letzten großen Vereisung im Pleistozän, eroberten wir den amerikanischen Doppelkontinent. Damals lag Norddeutschland am Rande des skandinavischen Inlandeises.

Thors Hammer. Im Bryce Canyon in Utah fallen die tiefen Sonnenstrahlen der aufgehenden Sonne in ein Amphitheater aus unzähligen Felstürmen. Das Licht wird vielfach zwischen diesen Hoodoos hin und her reflektiert, wodurch die ganze Landschaft von innen heraus zu leuchten beginnt. Der markanteste unter diesen Hoodoos ist Thors Hammer. Mit einer waghalsigen Kletteraktion im steilen und rutschigen Gelände gelingt es, diesen Felsturm so freizustellen, dass er optisch bis in den Himmel ragt. Mögen solche erhabenen Landschaften dazu beitragen, die Herzen der Menschen zu berühren und ein Umdenken im Umgang mit der Natur zu erwirken.

In den bis zu drei Kilometer dicken Eisschilden im Norden war so viel Wasser als Eis gebunden, dass der Meeresspiegel 130 Meter unter dem heutigen Niveau lag. Die Nordsee fiel trocken, und der Ostseebereich lag unter einem dicken Eispanzer. Von den vereisten Alpen gelangten die Eisströme bis kurz vor München.

Der Rest Deutschlands war entweder von subarktischer Tundra oder kleinwüchsigem Strauchgehölz bedeckt. Zu Letzterem gehörten die Zwergbirke und die Polarweide. Die Höhenzüge der Mittelgebirge waren schnee- und teilweise sogar eisbedeckt. Nach dem Ende der Eiszeit eroberten die Wälder ihr ehemaliges europäisches Verbreitungsgebiet zurück, und in der hügeligen, norddeutschen Moränenlandschaft mit ihren Schmelzwasserströmen und Sanden bildeten sich zahlreiche Seen. Die ersten Pionierbäume dieser Landschaft waren die Bergkiefern, gefolgt von Birken, Weiden und Haselsträuchern. Mit steigenden Temperaturen und dem nötigen Regen mischten sich immer mehr Eichen, Linden und Ulmen unter den Baumbestand. Vor etwa 9000 Jahren bedeckten ausgedehnte Eichenurwälder das Land.

Damals begannen wir, je nach Region unterschiedlich schnell, sesshaft zu werden. Wir domestizierten Tiere für unsere Zwecke, bauten erste Siedlungen und betrieben Ackerbau. Außerdem vermehrten wir uns enorm. Mit der Erwärmung des nacheiszeitlichen Klimas und der damit verbundenen Einwanderung von Buchen und Tannen begann die Konkurrenz der Bäume um das Sonnenlicht. So wurden aus den lichten Eichenwäldern vor etwa 6000 Jahren Mischwälder mit oft dichtem Buchenbestand. Mit dem wachsenden Platzbedarf, dem Bedarf an Baumaterial und dem steigenden Bedarf an Brennstoff begann die Rodung der Wälder und damit der Verlust von Lebensraum für Wildtiere. Seit dieser Zeit ist der Mensch der größte Landschaftsgestalter des Planeten, denn er begann, die bestehenden Urwälder systematisch abzuholzen.

Durch den immensen Holzbedarf verschwand das Ökosystem Wald fast vollständig. Die verbliebenen Waldbestände wurden in der Neuzeit mit schnell wachsenden Fichten und Kiefern aufgeforstet. Dabei wurde das heutige Ökosystem Wald nachhaltig gestört, weil standortfremde Baumarten zur Wiederaufforstung verwendet wurden. Fast alle heutigen Wälder in Deutschland sind Nutzwälder und gleichen eher Plantagen als dem ursprünglichen Ökosystem Mischwald. Selbst die recht natürlich aussehenden Baumbestände der Mischwälder in den deutschen Nationalparks entsprechen nicht mehr dem ursprünglichen Wald.

Umso großartiger ist es, wenn kleine Waldareale dem menschlichen Zugriff entzogen und sich selbst überlassen werden oder einfach in Vergessenheit geraten. Dann entstehen nach und nach wieder naturnahe Lebensräume für eine Vielzahl von Waldbewohnern, von Rehen und Eulen über Dachse bis hin zu Wölfen. Der Wald wirkt dann wieder natürlich und ursprünglich.

Mit der Einführung von Schusswaffen gelang es dem Menschen, immer effektiver zu jagen und zu töten – sowohl seine Mitmenschen als auch die Tierwelt. Seit dem 20. Jahrhundert nimmt der negative Einfluss des Menschen auf die Natur nicht mehr linear, sondern exponentiell mit der Zeit zu. Diese Entwicklung hängt mit dem Bevölkerungswachstum zusammen. Um 1800 lebten eine Milliarde Menschen auf der Erde. 1960 waren es bereits drei Milliarden, 1987 fünf Milliarden, 2011 bereits sieben Milliarden und 2023 überstiegen wir die Acht-Milliarden-Grenze. Mit dem Bevölkerungswachstum ist auch der Bedarf an Energie, Nahrung und Wohlstand exponentiell gestiegen. Möglich wurde diese Entwicklung vor allem durch Fortschritte in Technik und Medizin, doch die Rechnung für unseren Aufstieg und Fortschritt zahlt bis heute die Natur.

Vielen Naturvölkern gelang das Umdenken. Sie erkannten mit der Zeit, dass ein Überleben nur mit der Natur möglich ist. Diese Erkenntnis drückt sich im Animismus aus, was Tiere, Pflanzen und sogar die unbelebte Erde in den Rang von Individuen erhebt. Es ist eine Weltsicht, in der Dankbarkeit, Demut und Respekt vor der Natur in den Mittelpunkt des Handelns rückt. Diese naturverbundene Sichtweise ist der Gegenentwurf zu unseren naturentfremdeten Gesellschaften. In unseren modernen Gesellschaften wird die Erde nicht mehr als Lebensgrundlage und Heimat aller Tiere und Pflanzen betrachtet, sondern verkommt zum reinen Rohstoff- und Nahrungslieferanten, an dem man sich nach Belieben bedienen kann. So verlor der Planet seinen Status als Mutter Erde. Anstatt die Erde zu ehren und zu schützen, wendete die Menschheit ihren Blick von der Erde ab und suchte stattdessen ihr Wohl im allmächtigen Himmel. Dies muss für sich genommen nichts Negatives sein, denn der Blick auf den Bogen der Milchstraße mit seiner Vielzahl an Sternen macht definitiv nachdenklich und demütig. Allerdings ist der Blick zurück auf unsere Erde nicht minder wichtig, um zu erkennen, auf welcher einmaligen Oase in den Weiten des Weltalls wir leben.

INVASIVE ARTEN UND MENSCHEN

Invasive Arten sind wie biologische
Waldbrände – sie können
ganze Ökosysteme überwältigen.

— David Quammen, Naturwissenschaftlicher Schriftsteller und Journalist

Die meisten unserer Zimmerpflanzen sind Exoten aus anderen Kontinenten, und auch in unseren Gärten erfreuen sich solche Arten, darunter Rhododendren und Sommerflieder aus Asien, großer Beliebtheit. Einige dieser importierten Arten sind für die heimischen Ökosysteme sogar nützlich. So bietet der Sommerflieder ein reichhaltiges Nahrungsangebot für Schmetterlinge, und auch die Honigbiene war vor der Besiedlung durch den Menschen kein Bestandteil des Ökosystems in Deutschland. Sie stammt ursprünglich aus Südosteuropa, möglicherweise sogar aus Nordafrika oder Westasien. Dies zeigt, dass einige eingeschleppte Arten in der Lage sind, sich nützlich in Ökosysteme zu integrieren und Symbiosen mit ihrer Umwelt einzugehen. Ebenso wird sich der rasche Klimawandel auf die Zusammensetzung der Baumbestände unserer Mischwälder auswirken. Baumarten, die höhere Temperaturen, Trockenheit und Nässe besser vertragen und Resistenzen gegen Schädlinge und Krankheiten ausbilden, sind im Vorteil. So eignen sich Douglasie, Feldahorn und Esskastanie auch bei uns für wärmere oder trockenere Bedingungen, die Lärche für unregelmäßige

Die Baumkathedrale. In diesem kleinen Waldstück in Norddeutschland hat man das Gefühl, sich mitten im Urwald zu befinden. Der Holzkreis auf der Lichtung ist ein Ritualplatz, an dem sich naturverbundene Menschen treffen. Die untergehende Sonne berührt den Horizont und schickt ihre roten Strahlen für wenige Augenblicke zwischen die Baumstämme hindurch tief in den Wald hinein. Der ohnehin schon bunte Herbstwald leuchtet intensiv auf. Ganz ähnlich muss es vor 6000 Jahren überall in Mitteleuropa ausgesehen haben, als die Wälder die eiszeitlichen Tundren zurückeroberten und die Menschen ihre Rituale abhielten.

Niederschläge, und die Flatterulme könnte mit ihrer Pilzresistenz die heimischen Ulmenarten ergänzen.

Doch nicht alle eingeschleppten Pflanzen und Tiere passen in unsere Ökosysteme. Sie werden invasiv, wenn sie den Lebensraum einheimischer Arten bedrängen und ihren Fortbestand sowie ihre biologische Vielfalt stark einschränken. Sobald die Invasiven keine natürlichen Feinde haben, können sie sich rasch vermehren und ausbreiten. Das Problem liegt jedoch nicht bei diesen Pflanzen und Tieren, denn sie sind keineswegs freiwillig in ihre neuen Lebensräume eingewandert,

sondern wurden von uns Menschen bewusst oder unbewusst dorthin gebracht. Prominenteste Beispiele sind die weltweiten Eroberungszüge von Ratten, Hunden, Katzen und Füchsen, die meist mit europäischen Schiffen in andere Erdteile gelangten und dort viele Arten bedrohen, die ihnen nichts entgegenzusetzen haben. Zu den invasiven Arten in Deutschland gehören das Indische Springkraut, die Kanadische Goldrute und der Japanische Knöterich, Waschbär und Nutria, aber auch die Asiatische Tigermücke, die das Dengue-Fieber oder das Zika-Virus übertragen kann, und die bekannte Spanische Wegschnecke.

Die Ausbreitung invasiver Arten lässt sich, wenn überhaupt, nur mit enormem Aufwand und Kosten eindämmen. Laut dem Weltbiodiversitätsrat IPBES sind invasive Arten für 16 Prozent der weltweit bereits ausgestorbenen Arten verantwortlich. Schätzungsweise 37 000 Arten haben über unsere Transportwege eine neue Heimat gefunden. Weniger als 10 Prozent davon sind problematisch, verursachen aber enorme

Probleme und Belastungen für die betroffenen Ökosysteme. Im Jahr 2019 wurden die durch invasive Arten verursachten Schäden auf 423 Milliarden US-Dollar geschätzt, ein Betrag, der sich etwa alle zehn Jahre vervierfacht. Diese Zahlen sind aber auch etwa zehnmal höher als das, was notwendig wäre, um die Ausbreitung invasiver Arten einzudämmen. Zusätzliche Probleme entstehen dadurch, dass sich viele Arten unter den veränderten Bedingungen des Klimawandels von sich aus neue Lebensräume erschließen können.

Vor allem aber verhält sich die Menschheit invasiv gegenüber der Natur, denn wir dringen immer tiefer in die Lebensräume der Wildtiere ein. Das zeigen nicht nur der Klimawandel und die Naturzerstörung, sondern auch das Auftreten zahlreicher Zoonosen, der Übertragung von Krankheiten vom Tier auf den Menschen. Durch den Verlust natürlicher Lebensräume kommen Wildtiere immer häufiger in engen Kontakt mit dem Menschen. Etwa 70 Prozent der neuen Infektionskrankheiten, darunter HIV, Ebola, Zika, Lassa-Virus, Influenza und wahrscheinlich auch das Covid-19-Virus, das die Corona-Pandemie ausgelöst hat, sind auf Zoonosen zurückzuführen. Dies deutet darauf hin, dass ein respektvoller Abstand zu Wildtieren diese Pandemie vielleicht sogar hätte verhindern können. Zumindest hätte eine frühzeitige Eindämmung der weltweiten Ausbreitung viel Leid und unnötige Kosten verhindert. Stattdessen hätten wir das Geld für Klima- und Naturschutz ausgeben können, die wirksame Präventionsmaßnahmen gegen solche Pandemien sind. Eine Fülle noch nicht beschriebener Viren hat das Potenzial, vom Tier auf den Menschen überzuspringen, weshalb der Umgang und Kontakt zwischen Mensch und Wildtier überdacht werden muss.

WIE WIR MIT DER NATUR UMGEHEN

> *Die Vielfalt des Lebens auf der Erde ist das größte Wunder der Welt. Die Zerstörung dieser Vielfalt ist das größte Verbrechen der Menschheit gegen die Welt.*
>
> — Edward O. Wilson, Biologe

Die tropischen Regenwälder stehen besonders im Fokus des Artensterbens. Sie gehören mit weit über einer Million Tier- und Pflanzenarten zu den diversesten Ökosystemen der Erde, und ihr Verlust stellt uns vor große Probleme. Die systematische Abholzung und Brandrodung, vor allem im südamerikanischen Amazonasgebiet, nimmt erschreckende Ausmaße an. Die Gier nach dem Rohstoff Holz und nach freien Nutzflächen für Landwirtschaft und Massentierhaltung lässt die Waldbestände weltweit immer schneller schrumpfen. Damit wird die Landwirtschaft zur größten Bedrohung für die Artenvielfalt. Derzeit verlieren wir weltweit pro Minute eine Waldfläche von 22 Fußballfeldern. Allein im Amazonasgebiet sind es drei Fußballfelder pro Minute, was aufs Jahr gerechnet 600 Millionen gefällten oder verbrannten Bäumen auf einer Gesamtfläche der Größe Bayerns und Niedersachsens entspricht. Nach Erhebungen aus dem Jahr 2023 hat der Regenwald in den letzten 20 Jahren schätzungsweise 16 Milliarden Bäume verloren. Sie enden als Baumaterial, Papier und Möbel. Fast 90 Prozent der entwaldeten Flächen werden landwirtschaftlich genutzt. Davon entfallen mehr als 52 Prozent auf den Anbau von Soja, Palmöl, Kakao, Kaffee, Obst und Gemüse und mehr als 37 Prozent auf

Weideflächen für die Rinderhaltung. Die restliche Fläche wird für die zerstörerische und umweltverschmutzende Suche nach wertvollen Rohstoffen wie Kobalt und Gold zerstört. Die meist mit Wasser gefüllten Gruben sind in den Regenwäldern Südamerikas sogar auf Satellitenbildern zu erkennen.

Die Rodung der Urwälder ist oft illegal und macht laut WWF in Indonesien und Brasilien 75 bis 80 Prozent des Holzeinschlags aus. Wir sollten aber nicht mit dem Finger auf diese Verhältnisse zeigen, denn laut WWF werden 16 Prozent davon in die Europäische Union importiert. Spitzenreiter ist China mit 24 Prozent, gefolgt von Indien mit 9, den USA mit 7 und Japan mit 5 Prozent. Auch hier sind es die Industrienationen, die für die Zustände in den Schwellen- und Entwicklungsländern mitverantwortlich sind.

Mit dem Regenwald verschwindet aber nicht nur der Lebensraum für Pflanzen und Tiere. Wälder spielen auch eine wichtige Rolle im Klimasystem. Allein die Wälder der Amazonasregion binden durch Fotosynthese jährlich 76 Milliarden Tonnen Kohlenstoff, von denen jährlich 600 Millionen Tonnen in Kohlenstoffspeichern gebunden werden. Außerdem kühlt der Regenwald die Luft durch die Verdunstung von Wasser, die Evapotranspiration. Wir alle kennen das, denn selbst an Hitzetagen ist es in dichten Wäldern angenehm kühl. Doch der Wald kann nicht nur die Lufttemperatur um bis zu fünf Grad abkühlen, seine Feuchtigkeit wird in der Atmosphäre über große Distanzen hinweg transportiert und kommt so anderen, trockeneren Regionen zugute. Außerdem wirkt er regulierend auf den atmosphärischen CO_2-Gehalt, denn mehr CO_2 in der Atmosphäre wirkt in Kombination mit mehr Regen in einem wärmeren Klima wie Dünger. So kann ein intakter Wald mehr CO_2 aufnehmen und durch Fotosynthese in mehr Biomasse umwandeln, wodurch der Atmosphäre CO_2 entzogen wird. Wie wir gesehen haben, entzieht die Biosphäre auf diese Weise derzeit insgesamt 29 Prozent unserer CO_2-Emissionen und wirkt damit dämpfend auf unser Klimasignal. Auf einer Fläche von der Größe eines Fußballfeldes im tropischen Urwald sind beispielsweise enorme 734 Tonnen CO_2 als Kohlenstoff in den Bäumen gebunden. Solange die Zunahme des Baumbestands größer ist als das Absterben alter Bäume, ist der Wald eine Netto-Kohlenstoffsenke, und die Verweildauer des Kohlenstoffs im Boden nimmt zu. Inzwischen wird jedoch befürchtet, dass sich dies in Zukunft ändern könnte. Der zu schnelle Anstieg des atmosphärischen Kohlendioxids lässt die Bäume schneller wachsen, als sie es normalerweise tun würden. Dadurch verkürzt sich die Lebenszeit der Bäume, da sie an ein langsameres Wachstum gewöhnt sind. Durch ihr früheres Absterben geben sie aber den gebundenen Kohlenstoff in Form von CO_2 wieder ab. Zudem setzen zu schnell steigende Temperaturen und zunehmend längere Trockenheit die Bäume unter Stress, ganz zu schweigen davon, dass die Waldfläche ständig abnimmt und durch Brandrodung und anschließende landwirtschaftliche Nutzung der Böden große Mengen CO_2 in die Atmosphäre gelangen. Sollten die Wälder zu einer Quelle von CO_2 in die Atmosphäre werden, würden sie die Temperatur der Atmosphäre weiter ansteigen lassen, was wiederum zu noch größerem Stress für die Wälder und damit zum Aussterben weiterer Arten führen würde.

Um Zeuge der Zerstörung der Wälder zu werden, müssen wir nicht einmal in die Regenwälder reisen. Es genügt ein Blick in die borealen Wälder Nordkanadas, Skandinaviens und Sibiriens sowie in unsere heimischen Wälder der gemäßigten Breiten. Diese Wälder nehmen 43 Prozent der weltweiten Waldfläche ein, fast so viel wie die tropischen Wälder mit 45 Prozent. Die subtropischen Wälder nehmen die restlichen 12 Prozent ein. Die Art und Weise, wie in Deutschland sehr häufig Wälder zur Holzgewinnung gerodet werden, kann nur als rücksichtslos

gegenüber der Natur und den dort lebenden Tier- und Pflanzenarten bezeichnet werden. Tatsächlich ähneln die meisten unserer Wälder eher Plantagen mit Monokulturen als gesunden Mischwäldern. Dennoch sind sie Lebensraum für Rehe, Wildschweine, Füchse, Hasen, Dachse und zunehmend auch wieder für Wölfe. Auch der Waldboden ist oft mit üppig grünen Moosen verschiedenster Arten bedeckt, ein Habitat für Frösche und Kröten. Wer sich mit den Moosen in unseren Wäldern beschäftigt, findet eine faszinierende Miniaturwelt vor, darunter die wunderschönen Stern-, Becher- und Sumpfdeckelmoose. Auch artenreiche Pilzgemeinschaften durchziehen den Waldboden, von denen viele im Herbst als Speisepilze begehrt sind.

Bei meinen Streifzügen durch unsere heimischen Wälder werde ich immer wieder Zeuge von umwelt- und lebensraumzerstörenden Baumfällaktionen. Anstatt die Bäume schonend zu fällen und einzeln zu entnehmen, werden schwere Maschinen eingesetzt, die die betroffenen Waldflächen bis zur Unkenntlichkeit verwüsten. Harvester fällen und entasten die Bäume und zerkleinern die Stämme. Forwarder transportieren die Stämme aus dem Wald, und Mulcher zerhäckseln Astwerk, Unterholz und Buschwerk. Das Resultat ist eine völlige Verwüstung des Lebensraumes Wald. Neben dem überwiegenden Fichtenanteil sind in diesen Waldabschnitten auch kräftige und gesunde Buchen und Eichen eingestreut, die ebenfalls der Rodung zum Opfer fallen. Hinzu kommt, dass solche Baumfällaktionen auch im Winterhalbjahr bei anhaltendem Regenwetter durchgeführt werden, sodass die großen und schweren Maschinen den Waldboden teilweise bis zu 50 Zentimeter tief aufwühlen. Dabei wurden zahlreiche

Wald der Akeleien. In den Rocky Mountains von Colorado ist die Blaue Akelei (Aquilegia coerulea) weit verbreitet. Sie blüht meist auf den höhergelegenen Bergwiesen, gedeiht aber seltener auch inmitten der Wälder mit dichten Aspenbeständen.

Dachsbaue zerstört, in denen die Tiere ihre Winterruhe hielten. Diese unter Naturschutz stehenden Tiere hatten keine Chance. Bei dieser Art der Holzgewinnung gleicht der Waldboden einem Schlachtfeld, das anschließend sich selbst überlassen wird. Das Ökosystem Wald hat in diesen Waldabschnitten aufgehört zu existieren. Das Sonnenlicht dringt ungehindert auf den durchwühlten Boden und trocknet ihn aus. Dadurch steigt die Temperatur, und die Luft- und Bodenfeuchtigkeit sinkt. Die Bäume in der Umgebung des Kahlschlags werden besonders anfällig für Windbruch, vor allem bei Herbststürmen, wenn die Bäume noch belaubt sind, und bei Fallböen während sommerlicher Gewitter. Das einzige Grün, das dort nachwächst, sind Büsche und Farne, die den vereinzelten Baumschösslingen wenig Raum zum Wachsen lassen.

Wie viel wäre gewonnen, wenn wir stattdessen die Bäume schonend entnehmen, gleichzeitig nachpflanzen und die nachwachsenden Jungbäume schützen würden. Das würde den Tieren einen Lebensraum bieten, den Waldboden schonen, und die Fläche wäre viel schneller wieder Wald, aus dem man wieder gezielt einzelne Bäume entnehmen könnte. Stattdessen roden wir den ganzen Wald und hinterlassen eine Mondlandschaft. Es geht um die kostengünstigste Art der Holzgewinnung, die in möglichst kurzer Zeit möglichst viel Gewinn verspricht. Nachhaltigkeit bleibt bei dieser Kurzsichtigkeit auf der Strecke. Es geht auch anders. Sobald wir die wahren Bilanzen unseres Handelns und der Ökosystemdienstleistungen offenlegen, ist die schonende Entnahme von Bäumen bei gleichzeitigem Erhalt des Bodens, der darauf nachwachsenden Pflanzen und Bäume sowie der darauf lebenden Insekten und Tiere langfristig erheblich günstiger als die kurzfristig gewinnorientierte Zerstörung des gesamten Ökosystems.

Neben den tropischen Regenwäldern gehören die tropischen Korallenriffe zu den artenreichsten Ökosystemen der

Erde. Die Lebensgemeinschaft Riff beherbergt 25 Prozent aller marinen Lebewesen und schätzungsweise bis zu einer Million Tier- und Pflanzenarten. Außerdem sind Korallenriffe die Kinderstube vieler Fischarten, die auf den Schutz der Riffe angewiesen sind. Das Great Barrier Reef vor der Nordostküste Australiens ist der größte zusammenhängende Riffkomplex der Erde und säumt den Kontinent auf einer Länge von 2300 Kilometern. Hunderte von Korallenarten, etwa 1500 Fischarten und mehr als 4000 verschiedene Weichtierarten bilden ein einzigartiges Ökosystem.

Das Wachstum der Korallenriffe ist ein gemächlicher, aber stetiger Prozess im Gezeitenbereich der Wasseroberfläche. Korallen benötigen einen engen Temperaturbereich, sauberes Wasser und die richtige Wassertiefe. Sie reagieren sensibel auf einen zu schnellen Anstieg der Wassertemperatur und auf zu schnelle Veränderungen, die mit dem Anstieg des Meeresspiegels einhergehen. Außerdem verändert sich die Ozeanchemie, weil die Ozeane zusätzlich 28 Prozent unserer CO_2-Emissionen aufnehmen. Das Kohlendioxid reagiert mit dem Ozeanwasser zu leichter Kohlensäure. Dadurch wird das Meerwasser saurer, und der pH-Wert sinkt um 0,1. Dies entspricht einer Zunahme des Säuregrads um 30 Prozent, wodurch das Ozeanwasser aber immer noch basisch ist. Dennoch ist der Anstieg des Säuregehalts bedeutsam, denn die Skelette der Korallen, aber auch die Panzer und Schalen von Krebsen, Muscheln und Schnecken sowie die winzigen Skelette des Zooplanktons, die das primäre Glied der ozeanischen Nahrungskette bilden, bestehen aus Kalk. Der erhöhte Säuregrad des Ozeanwassers erschwert ihnen die Kalkbildung und erodiert ihre schützenden Schalen, Gehäuse und Skelette. Zudem kann das sich erwärmende Wasser weniger Sauerstoff binden, was die Atmung unter Wasser leicht beeinträchtigt.

Die Folgen dieser menschlichen Einflüsse zeigen sich in gestressten Korallenriffen, die anfälliger für die Ausbreitung von Krankheiten werden, die über eine komplexe Wirkungskette zur Korallenbleiche, dem Weißen Tod, führen. Diese verwandelt die einst bunten und vor Leben strotzenden Riffe in eine trostlose Unterwasserwüste, in der die kalkweißen Skelette der abgestorbenen Korallen bizarr aus dem Boden ragen.

Die Korallenbleiche verursacht ein Massensterben unter den Korallen, von dem das gesamte Ökosystem Korallenriff betroffen ist. Korallenpolypen leben in Symbiose mit fotosynthetischen Algen, den Zooxanthellen aus der Gruppe der Dinoflagellaten, und tauschen Nährstoffe zum gegenseitigen Nutzen aus. Bei Wassertemperaturen von über 30 Grad Celsius über einen längeren Zeitraum produzieren die Algen Giftstoffe, woraufhin die Korallen ihre lebenswichtigen symbiotischen Algen abstoßen. Dadurch bricht die Nährstoffversorgung der Korallen zusammen, und sie verhungern. Dann kommt ihr weißer Kalkaufbau zum Vorschein, Korallenbleiche genannt. In kurzen und seltenen Stressphasen, wie sie auch im natürlichen Klimasystem vorkommen, können sich die Korallen wieder erholen. Durch den anhaltenden Stress der Korallen hat sich der weltweite Bestand an Riffen jedoch bereits halbiert, ein Drittel der riffbildenden Korallen ist vom Aussterben bedroht.

Der zunehmende Verlust der Biodiversität in den Ozeanen, verstärkt durch die systematische Überfischung der Meere, die Belastung durch Umweltgifte, Düngemittel und Plastikmüll, schwächt das Ökosystem Meer und seine Ressourcen. Dabei liefern Ökosysteme wie Regenwälder und Korallenriffe mit ihrer Fülle an Bewohnern, darunter viele Bakterien, Pilze und Flechten, eine Fülle biochemischer Stoffe, die wir erfolgreich für medizinische Zwecke nutzen können. Dieses Potenzial haben wir noch nicht einmal ansatzweise ausgelotet und werden es wegen des Artensterbens vielleicht auch nicht mehr können.

DIE ÖKOLOGISCHE TRANSFORMATION

No restauration without re-story-ation.

— Gary Nabhan,
Biologe und Ethnobotaniker

Problematisch ist die intensive landwirtschaftliche Düngung mit Stickstoff- und Phosphatverbindungen, die über die Flüsse in die Meere gelangen und dort intensive Phytoplanktonblüten auslösen können. Nachdem sich die Algen im lichtdurchfluteten oberen Ozean massenhaft vermehrt haben, vom Zooplankton gefressen werden und mit ihren Exkrementen in tiefere Schichten bis zum Meeresboden absinken, verbrauchen die Bakterien im Inneren des Ozeans den im Meerwasser gelösten Sauerstoff, sodass große Meeresareale, meist in Küstennähe, zu Todeszonen werden, in denen höhere Organismen wie Fische nicht mehr leben können. Ähnliches gilt für Flüsse und Seen, wenn sie durch zu hohen Eintrag an Düngemitteln umkippen. Statt mit Monokulturen und umweltbelastenden Mitteln immer schneller immer höhere Erträge zu erzielen, sollte die Landwirtschaft vermehrt auf biologischen Anbau setzen und sich den natürlichen Schutz durch Biodiversität in der Natur zunutze machen. Dazu gehören Fruchtwechsel, jährlich wechselnde Brachflächen und der Zwischenfruchtanbau, bei dem in der jeweiligen Zwischensaison Gründüngerpflanzen angebaut werden, die organisches Material in den Boden zurückführen und Stickstoff fixieren. Zudem bieten Blühstreifen, Baumreihen und Knicks mit Gehölzen und

Sträuchern ideale Lebensräume für Vögel und Insekten, die in der Folge die natürliche Schädlingsbekämpfung übernehmen. Blühstreifen verdoppeln bis verdreifachen die Artenvielfalt, und Brachflächen mehren die Pflanzenvielfalt sogar um 150 Prozent. Bislang sind in Deutschland nicht einmal 10 Prozent der landwirtschaftlichen Flächen ökologisch bewirtschaftet, und weltweit sind es sogar erst 1,5 Prozent. Mit solch einfachen Mitteln wäre innerhalb kürzester Zeit viel gewonnen.

Oft wird argumentiert, dass die Biolandwirtschaft, im Vergleich zur konventionellen und umweltschädlichen Landwirtschaft, etwa ein Viertel weniger Ertrag bringt und deshalb die Weltbevölkerung nicht ernähren kann. Dieser geringere Ertrag könnte allerdings nahezu vollständig ausgeglichen werden, wenn das, was auf den Feldern wächst, auch wirklich auf den Tellern der Verbraucher landet und gegessen wird. Die Ernährungs- und Landwirtschaftsorganisation der Vereinten Nationen (FAO, Food and Agriculture Organization) beziffert die jährlichen Nahrungsmittelverluste auf 1,3 Milliarden Tonnen. Das bedeutet, dass mehr als 30 Prozent der weltweit erzeugten Lebensmittel nicht gegessen werden. Die Hälfte davon geht bereits auf dem Weg zum Handel verloren, die andere Hälfte wird von Handel und Verbrauchern verschwendet. Weltweit werden jährlich 173 Kilogramm Lebensmittel pro Kopf nicht gegessen, das sind 470 Gramm pro Tag. Das Wegwerfen von Lebensmitteln, die nicht verdorben sind, trägt also enorm zur Zerstörung der Natur und damit zur Verringerung der Artenvielfalt bei. Aus diesen Gründen kommt es mir seit jeher nicht in den Sinn, Lebensmittel wegzuwerfen. Auch der Ablauf des Mindesthaltbarkeitsdatums ist für mich kein Argument, das Produkt wegzuwerfen. Schließlich dient es nur der rechtlichen Absicherung, und niemand wirft seinen Computer oder sein Auto weg, wenn die Garantie abgelaufen ist. Wenn wir diese Verschwendung vermeiden würden, könnten wir die um 25 Prozent geringeren Erträge durch biologische Landwirtschaft aufwiegen und hätten unter dem Strich viel gewonnen, denn Natur, Artenvielfalt und Klima würden erheblich profitieren. Je mehr wir für die Natur, die Artenvielfalt und das Klima tun, desto effektiver funktioniert der natürliche Schutz vor den sogenannten Schädlingen, die wiederum Nützlinge für die Arten sind, die sie fressen.

Um dieses Konzept tragfähig zu machen, ist es wichtig, unseren Fleischkonsum zu überdenken und die Massentierhaltung zu beenden. Zum einen ist die Massentierhaltung mit dem Leid der Tiere ethisch und moralisch nicht vertretbar, denn jedes Tier hat wie wir Menschen das Recht auf ein artgerechtes Leben. Zum anderen sind die Konsequenzen unseres Fleischkonsums aber viel weitreichender. In funktionierenden Ökosystemen ist der Fleischkonsum der Raubtiere, der Carnivoren, ein Teil der natürlichen Nahrungskette, der hilft, die Populationen der Pflanzenfresser, der Herbivoren, zu regulieren. Da wir Menschen Allesfresser, also Omnivoren, sind, gehört auch Fleisch zu unserer Nahrung. Ähnlich wie bei den CO_2-Emissionen hat die Menschheit die natürlichen Funktionsweisen erheblich aus dem Gleichgewicht gebracht. So folgt unser Fleischkonsum dem Muster des Klimawandels: Wir essen viel zu oft zu viel. Damit gefährden wir unsere Nahrungssicherheit, schädigen das Klima und fördern das Artensterben. Um diese Abwärtsspirale zu verstehen und einen Ausweg zu finden, betrachten wir die sogenannte Trophieeffizienz.

Sie ist ein Maß für die Effizienz des Energie- und Biomasseflusses in natürlichen Ökosystemen und beschreibt damit die Ernährungseffizienz der Nahrungskette, die eher einer Nahrungspyramide ähnelt. Sie erklärt, warum die Biomasse in den hohen Trophiestufen viel geringer ist als in den unteren. Mit anderen Worten: Auf wenige Fleischfresser kommen viele Pflanzenfresser, die sich von noch mehr

Pflanzen ernähren. Als Allesfresser haben wir Menschen die Wahl zwischen pflanzlicher und tierischer Nahrung. Die Trophieneffizienz besagt nun, dass nur etwa 10 Prozent der Energie von einer Trophiestufe auf die nächste übertragen wird. So können Pflanzenfresser nur etwa 10 Prozent der Energie, die sie über die Pflanzen aufnehmen, für Wachstum, Stoffwechsel und Fortpflanzung nutzen. Die restliche Energie wird für Bewegung und Wärmeabgabe verbraucht und geht durch Ausscheidung verloren. Diese 10 Prozent gelten auch für die Fleischfresser, die sich von den Pflanzenfressern ernähren. Die Effizienzkaskade nimmt deswegen von den Pflanzen über die Pflanzenfresser zu den Fleischfressern von 100 Prozent über 10 Prozent auf 1 Prozent ab. Übertragen auf die Savanne Afrikas, kommen so auf ein Rudel Löwen große Herden von Gnus, Zebras und Antilopen mit endlosen Graslandschaften. In natürlichen Ökosystemen sind Pflanzenfresser zehn- bis 30-mal zahlreicher als Fleischfresser.

Um mehr als acht Milliarden omnivore Raubtiere der Spezies Homo sapiens mit ausreichend Fleisch zu versorgen, entstand die Massentierhaltung mit all ihren negativen Folgen für Tiere, Natur und Klima. Wenn man bedenkt, dass nur 1 Prozent der pflanzlichen Energie und Biomasse bei uns ankommt, wenn wir Tiere essen, wird schnell klar, dass acht Milliarden Fleischfresser die Ökosysteme des Planeten völlig überfordern. Deshalb müssen wir, vor allem in den Industrienationen, unsere Ernährungsgewohnheiten überdenken und mehr auf pflanzliche Nahrung setzen.

Das zeigt sich auch am Flächenverbrauch, den Pflanzen und Tiere benötigen. Für ein Kilogramm Rindfleisch werden in Deutschland rund 32 Quadratmeter Fläche benötigt. Für die gleiche Menge Kartoffeln sind es 0,2 Quadratmeter. Kartoffeln benötigen pro Kilogramm 160-mal weniger Fläche als Rindfleisch. Dieser Flächenbedarf führt dazu, dass weltweit

70 Prozent der Agrarflächen für den Anbau von Futtermitteln für die Massentierhaltung genutzt werden. Dies ist der Hauptgrund für den überbordenden Flächenbedarf der Landwirtschaft, der massiv zum Artensterben beiträgt. Deshalb ist regelmäßiges Fleischessen für uns Menschen zur ineffizientesten und umweltschädlichsten Lebensweise geworden. Einfacher ausgedrückt: Die Nahrung muss direkter auf den Teller kommen – und zwar pflanzlich. Damit könnten wir die Trophieeffizienz auf 10 Prozent steigern und den Flächenbedarf der Landwirtschaft um 70 Prozent reduzieren. Es versteht sich von selbst, dass wir dadurch auch enorme Mengen an Wasser, Treibhausgasen, Pestiziden und Düngern einsparen und den gewonnenen Platz für die Wiederaufforstung von Wäldern, die Renaturierung von Mooren und naturbelassenen Wiesen nutzen könnten, was in der Folge enorme Mengen an CO_2 binden und den Verlust der Artenvielfalt aufhalten würde. Ein erster und wichtiger Schritt wäre es, den Fleischkonsum bewusster zu gestalten und auf ein- bis zweimal pro Woche zu reduzieren. Auch ich bin nicht als Vegetarier geboren, aber das Wissen um diese Zusammenhänge hat meine Essgewohnheiten nachhaltig verändert. Dabei hilft es, sich die wahren Kosten und Folgen des Fleischkonsums vor Augen zu führen, also die Ökobilanz und die Auswirkungen auf Natur, Klima und Artenvielfalt. Auf diese Weise würde Fleisch aus dem Supermarkt unbezahlbar. Sich vor Augen zu führen, welchen Preis die Natur für unseren Konsum zahlt, hat mir sehr geholfen, umzudenken. Wir können uns ein Preisschild vorstellen, das die Natur auf unsere Produkte klebt, damit sie sich von den Folgen unseres Handelns erholen kann.

DIE SECHSTE KRISE DER EVOLUTION

> *Das Zeitfenster, in dem eine lebenswerte und nachhaltige Zukunft für alle gesichert werden kann, schließt sich rapide.*
>
> — Weltklimarat, IPCC

Die Auswirkungen unseres Handelns auf die Natur und den Planeten haben katastrophale Ausmaße angenommen und betreffen den endgültigen Verlust unzähliger wild lebender Tier- und Pflanzenarten. Wir sind auf dem Weg zum sechsten Massenaussterben in der Geschichte der Erde. Das Erschreckende daran ist, dass wir Menschen der Auslöser sind und dass die Gefahr besteht, dass es sich zur bisher größten Krise der Evolution ausweitet. Um dies zu verstehen und besser einordnen zu können, werfen wir einen kurzen Blick auf die fünf bisherigen Aussterbewellen in der Erdgeschichte. Aus ihnen lassen sich Parallelen ableiten, aus denen wir möglichst rasch Konsequenzen ziehen sollten.

Die fünf großen Aussterbeereignisse der Erdgeschichte sind alle durch den dramatischen Verlust einer großen Anzahl von Arten in kurzer Zeit gekennzeichnet. Dabei kam es nicht nur zu einem Rückgang der Populationsdichte der Arten, sondern zu ihrem endgültigen Aussterben. Sie alle hatten natürliche Ursachen und sind meist auf die Folgen von extremem Vulkanismus oder Asteroideneinschlägen zurückzuführen. Es waren allesamt einschneidende Krisen für das Leben auf der Erde, in deren Verlauf bis zu 90 Prozent aller existierenden Arten ausstarben.

Am Ende des Ordoviziums, vor 450 Millionen Jahren, driftete der riesige Südkontinent Gondwana über den Südpol, was eine Vereisung nach sich führte, die 85 Prozent der damaligen Arten nicht überlebten. Am Ende des Devons, vor 359 Millionen Jahren, starben bis zu 75 Prozent der Arten aus. Die Gründe dafür sind noch nicht abschließend geklärt, könnten aber im Vulkanismus, einer erdnahen Supernova oder im Sauerstoffverlust der Ozeane zu suchen sein. Das bislang größte Massensterben der Erdgeschichte folgte dann am Ende des Perms, vor 252 Millionen Jahren. Im heutigen Sibirien kam es zu extremem Vulkanismus, der sich zudem durch fossile Kohlenstofflagerstätten hindurchbrannte und so zusätzlich enorme Mengen an CO_2 freisetzte. Diesem Ereignis erlagen 90 Prozent aller Arten. Am Ende der Trias starben vor 201 Millionen Jahren erneut 75 Prozent der Arten aus. Auch für dieses Ereignis sind die Gründe nicht abschließend geklärt, sind aber mit hoher Wahrscheinlichkeit ebenfalls in extremem Vulkanismus zu suchen. Zu dieser Zeit zerbrach der Superkontinent Pangäa, was mit intensiver vulkanischer Aktivität einhergeht. Das bislang letzte große Massensterben ist das bei Weitem bekannteste, denn es bereitete, neben unzähligen anderen Arten, vor allem den Dinosauriern ein abruptes Ende. Ein Asteroid der Größe Berlins schlug vor 65 Millionen Jahren auf der heutigen mexikanischen Halbinsel Yucatán ein. Dies löste eine Kettenreaktion aus, die zuerst alles Leben im Umkreis des Impakts auslöschte und anschließend durch die Schockwelle, den darauffolgenden globalen Tsunami entlang der Küsten und Weltenbrand im Landesinneren weltweite Verwüstungen anrichtete. Anschließend verdunkelte sich der rußgeschwärzte Himmel jahrelang, und die Temperaturen fielen unter den Gefrierpunkt. Als die Sonne wieder zum Vorschein kam und das Leben einen Neustart unternahm, waren 60 Prozent aller Arten ausgestorben. Von den Dinosauriern überlebte nur die

Linie, die sich in die heutigen Vögel entwickelte. Ihr Gesang lässt die Erinnerung an die Erfolgsgeschichte der Dinosaurier fortleben. Kleine Säugetiere waren damals die Opportunisten dieser Zeit. Sie besetzten nachfolgend die frei gewordenen Nischen, und vor 300 000 Jahren gingen wir aus ihnen hervor.

Alle Krisen der Evolution lassen eine Gemeinsamkeit erkennen: Sie entzogen der Mehrheit der Bewohner des Planeten mit so großer Geschwindigkeit ihre Lebensgrundlage, dass eine Anpassung an diese veränderten Umstände nicht gelang. Dem Leben an sich wurden sie dabei aber nie gefährlich. Es wird immer Profiteure geben, die sich die Lage der frei werdenden Nischen zunutze machen, aber wir Menschen können nicht für uns in Anspruch nehmen, dazu zu gehören. Mit diesem Hintergrundwissen aus der Erdgeschichte lässt sich deutlich erkennen, weshalb der Eingriff des Menschen in das Erdsystem so gefährlich ist.

Die Rate des von uns verursachten Massensterbens liegt derzeit geschätzt 300-fach über dem, was die Dinosaurier durchmachten. Dass uns das als Paradox erscheint, liegt lediglich daran, dass unser Zeitverständnis sich nicht mit dem der Natur deckt. Für das Erdsystem und die Ökosysteme geschieht der menschgemachte Wandel in vergleichbarer Geschwindigkeit wie ein Asteroideneinschlag. Es lohnt sich besonders, einen

Ah-Shi-Sle-Pah. Dieser Begriff der Navajo-Sprache ist eine Beschreibung der Badlands von New Mexico. Die bunten Sedimente bestehen aus Schlamm, der aus der Saurierzeit vor 70 Millionen Jahren stammt. Zur Kreidezeit bedeckte das Western Interior Seaway genannte Flachmeer weite Teile des zentralen nordamerikanischen Kontinents. Ah-Shi-Sle-Pah lag an seinem westlichen Rand und war eine verzweigte Landschaft aus Meeresarmen, Flüssen, Seen und sumpfigen Wäldern, in denen die Dinosaurier lebten. Daher sind diese Gesteine sehr reich an Dinosaurierknochen und fossilen Baumstämmen. Die je nach Gesteinsart unterschiedlich schnelle Verwitterung schuf diese bizarren Strukturen. Die Farben kommen durch mineralische Ablagerungen im Wasser zustande.

genaueren Blick auf die bisher größte Krise der Evolution zu werfen, die sich im Perm vor 252 Millionen Jahren ereignete. Auch hier war der Auslöser des Massensterbens der atmosphärische CO_2-Gehalt, ausgelöst durch extremen Vulkanismus: Großflächig aus dem Erdinneren aufsteigendes Magma verursachte ein sogenanntes Superplume-Ereignis, dessen Lava die sibirischen Flutbasalte hervorbrachte. Sie bedeckten ein Areal der Größe Europas. Dadurch versechsfachte sich die CO_2-Konzentration in der Atmosphäre innerhalb von 10 000 Jahren, was zu einem Anstieg der mittleren globalen Temperatur um etwa zehn Grad Celsius führte. In der Folge wurden die Ozeane saurer und sauerstoffärmer. Algenblüten zehrten den verbliebenen Sauerstoff auf und machten die Meere zu Todeszonen für alles Leben. Zehn Millionen Jahre dauerte diese Katastrophe, bis das Leben neue Wege fand. Wie gesagt, insgesamt starben bei diesem Ereignis 90 Prozent aller Arten an Land und in den Ozeanen aus.

Diese Zahlen lassen sich mit unserem anthropogenen CO_2-Anstieg in Beziehung setzen. Wir wissen zwar nicht, wie sich der CO_2-Gehalt der Atmosphäre im Perm in den 10 000 Jahren entwickelt hat, aber letztlich zählt nur der Unterschied im Gehalt. So steht einem sechsmal höheren CO_2-Gehalt der Atmosphäre in 10 000 Jahren im Perm eine Erhöhung um 50 Prozent durch den Menschen in 170 Jahren gegenüber. Daraus ergibt sich, dass der heutige CO_2-Anstieg 4,7-mal schneller ist als im Perm. Betrachtet man die letzten Jahrzehnte des rapiden Anstiegs unserer großen Beschleunigung, so ist unser Klimawandel sogar zehnmal so schnell wie im Perm. Nur zur Verdeutlichung: Damals sind 90 Prozent aller Arten ausgestorben, heute verändern wir das Klima der Erde 4,7-mal schneller. Da wir aber auf dem Weg sind, den CO_2-Gehalt der Atmosphäre zu verdoppeln und nicht, wie im Perm, zu versechsfachen, ist ein rasches Handeln unsererseits ein wirksames Mittel, um ein solch katastrophales Aussterben zu verhindern.

Die durch uns Menschen derzeit verursachte Aussterberate liegt 100- bis 1000-fach über der Hintergrundaussterberate. Dadurch verlieren wir jeden Tag geschätzt etwa 150 Arten, also etwa alle zehn Minuten eine weniger. Angesichts solcher Zahlen und im Vergleich mit Ereignissen in der Erdgeschichte wird überdeutlich, unter welchen Stress wir Ökosysteme und Artenvielfalt gebracht haben. Deswegen sind wir auf dem Pfad in das sechste Massensterben der Erdgeschichte – und bemerken dies in unseren von der Natur abgeschotteten Städten aus Beton und Technik meist nicht einmal.

Die Gesteine aus der Permzeit mahnen uns. Der Wissenschaftsjournalist Peter Brannen drückt diesen Zusammenhang so aus: »Wenn diese Gesteine uns etwas sagen, dann, dass wir hier mit den mächtigsten Hebeln des Erdsystems hantieren.« Es ist unsere größte Aufgabe, den in der Erde gespeicherten Kohlenstoff dort zu belassen, wo er ist, denn es gibt einen guten Grund, warum das Erdsystem ihn in den Gesteinen speichert und nur so viel davon in die Atmosphäre abgibt, dass der natürliche Treibhauseffekt für das Leben auf der Erde erhalten bleibt. Mit diesem Wissen über die Erde und die Funktionsweise der Natur haben wir die Verantwortung und die Lösung des Problems in der Hand.

NATURSCHUTZ, ABER RICHTIG

Die Natur ist kein Ort, den man besucht.
Sie ist unser Zuhause.

— Gary Snyder,
Schriftsteller und Umweltschützer

Dass wir künftig mehr Natur unter Schutz stellen müssen, um den Klimawandel und das Artensterben zu begrenzen, liegt angesichts der Fakten über den Zustand unseres Planeten auf der Hand. Nach Angaben der Vereinten Nationen stehen heute 17 Prozent der Landfläche und 8 Prozent der Ozeane unter Schutz. In den letzten zehn Jahren ist diese Fläche um 42 Prozent gewachsen, ein hoffnungsvoller Trend. Die Ziele des Weltnaturgipfels der Konvention über die biologische Vielfalt (Global Biodiversity Framework, www.cbd.int/gbf) sehen vor, bis 2030 etwa 30 Prozent der Erdoberfläche unter Naturschutz zu stellen, was fast einer Verdoppelung der bisher unter Schutz gestellten Landflächen und fast einer Vervierfachung der ozeanischen Schutzgebiete entspricht. Zu den Zielen gehört auch, 30 Prozent der Landflächen zu renaturieren, sie also nicht einfach sich selbst zu überlassen, sondern der Natur aktiv zu helfen, ihre ursprünglichen Ökosysteme so weit wie möglich wiederherzustellen. Wenn Flächen unter Naturschutz gestellt werden, muss aber auch sichergestellt werden, dass sie den Schutz tatsächlich genießen. Invasive Arten, die natürliche Ökosysteme stören, sollen ebenso wie der Einsatz von Pestiziden bis 2030 um die Hälfte eingedämmt und reduziert werden. Zu den ambitionierten, aber wichtigen Zielen des Weltnaturgipfels gehört auch, klima- und naturschädliche Subventionen massiv abzubauen und möglichst in nachhaltige Projekte umzuwidmen.

Denn der beste Naturschutz ist, die Natur sich selbst zu überlassen und auf ihre Selbstheilungskräfte zu vertrauen. Wenn aber Flächen so aus dem Gleichgewicht geraten sind, dass sie sich nicht mehr selbst regenerieren können, ist unser Wissen über ihren ursprünglichen Zustand gefragt. Mischwälder sollten möglichst in ihrer natürlichen Zusammensetzung aufgeforstet werden, wobei Arten, die den veränderten Bedingungen des Klimawandels besser standhalten, verstärkt gepflanzt werden können. Regionsfremde Arten, die für das Ökosystem problematisch sind, sowie Monokulturen sollten vermieden werden. Für eine systematische Wiederaufforstung brauchen wir allerdings einen langen Atem, denn Wälder wachsen langsam, und um einen halbwegs natürlichen Zustand wiederherzustellen, braucht es bestimmt mehr als 100 Jahre. Deshalb ist es so wichtig, alte Wälder stehen und wachsen zu lassen, denn das ist die effektivste Art der Kohlenstoffspeicherung. Außerdem bieten alte Wälder eine große Artenvielfalt. Ein solcher Umgang mit der Natur passt bisher nicht in unser Weltbild der kurzfristigen Gewinnmaximierung und Ertragssteigerung. Er ist aber eine notwendige und langfristige Investition in unsere Zukunft. Wälder sind kein Warenhaus, in dem wir uns nach Belieben bedienen können. Es braucht deshalb den Willen, unter Schutz stehende Wälder nicht mehr für kurzfristige Gewinne zu roden und in Nutzwäldern Bäume naturschonend zu entnehmen. Zu den notwendigen Renaturierungsmaßnahmen bzw. zur naturnahen Wiederherstellung gehört auch, dass Flüsse wieder ihre ursprüngliche, mäandrierende Form mit Inseln und Auen erhalten, in denen sich die Artenvielfalt von Flora und Fauna

erhöhen kann. Auch Moore sollten renaturiert werden, da sie effektive CO_2-Speicher und wertvolle Lebensräume sind. Zudem können auf ehemaligen landwirtschaftlichen Flächen ausgedehnte Wildblumenwiesen entstehen.

Neue Naturschutzgebiete sollten vorrangig in drei Regionen ausgewiesen werden: Dort, wo die Biodiversität noch am höchsten ist, wo endemische Arten leben, deren Existenz auf eng begrenzte Regionen beschränkt ist, und dort, wo der Einfluss des Menschen noch am geringsten ist und die Natur daher der ursprünglichen Wildnis noch am nächsten kommt. Solche Regionen finden sich vor allem in den Tropen, in Gebirgsregionen, auf Inseln und in Korallenriffen. Dass unsere Industrieländer in dieser Liste oft nicht auftauchen, liegt nur daran, dass die Natur bei uns bereits so stark degradiert ist,

Ahnenheimat. Der Almsee im österreichischen Grünau ist ein idyllischer Bergsee am Fuße des 2500 Meter hohen Toten Gebirges. Sein breiter Vegetationsgürtel und die ausgedehnten moorigen Verlandungszonen bilden einen idealen Lebensraum für viele Tier- und Pflanzenarten. Wenn dichter Nebel den Vorder- und Hintergrund ausblendet, wirkt das Moor mit dem angrenzenden Wald wie eine schwebende Landschaft.

dass diese Lebensräume oft schon naturfern sind. Das bedeutet aber keineswegs, dass sie – wie im Falle der Alpen – nicht auch dringend schutzbedürftig wären, denn auch hier gibt es bedrohte endemische Arten und inselartig noch weitgehend ursprüngliche Natur. Im Umkehrschluss bedeutet dies, dass die meisten Regionen, die für den Schutz der Artenvielfalt prioritär ausgewiesen werden sollten, in Entwicklungsländern liegen. Es sollte Aufgabe der Industrieländer sein, diese

Länder für den Schutz ihrer Natur finanziell zu belohnen und sie zu ermutigen, ihre verbliebene Natur nicht auszubeuten, sondern unter Schutz zu stellen. Auch die Industrieländer leisten einen wichtigen Beitrag für funktionierende Schutzgebiete, indem sie menschliche Eingriffe in Naturschutzgebiete und Nationalparks minimieren. Diese Bemühungen müssen fortgesetzt und ausgeweitet werden, damit sich die Ökosysteme erholen können und Pflanzen und Tieren Schutzräume gewährt werden.

Dabei stellt sich die Frage, wie zukünftiger Naturschutz aussehen soll und welche Rolle der Mensch in diesen Schutzgebieten spielen kann. Bisher waren Naturschutzgebiete und Nationalparks notwendig, um die Natur vor dem zerstörerischen Einfluss des Menschen zu bewahren. Dies ist ein Ansatz, der den Menschen weitgehend vom Zugang zu diesen Gebieten ausschließt und allenfalls einen begrenzten Zugang auf festgelegten Wegen zulässt. Diese Sichtweise stellt die Natur und uns Menschen gewissermaßen als zwei getrennte Entitäten gegenüber und reduziert uns auf ein falsches Narrativ, in dem die Natur gut und der Mensch böse ist. Sie hilft uns daher nicht, ein neues Werteverständnis in der Beziehung zwischen Mensch und Natur zu finden.

Zukünftiger Naturschutz sollte die Bedürfnisse und Belange der lokalen und vor allem der indigenen Bevölkerung, die weltweit ca. 40 Prozent der geschützten Regionen bewohnen, berücksichtigen und sie aktiv in den Naturschutz einbeziehen und integrieren.

Dazu ist in unseren Industriegesellschaften viel Aufklärung und Verständnis nötig, wie unser Planet funktioniert und wie in der Natur alles mit allem zusammenhängt. Denn die Idee, den Menschen in die Natur zu integrieren, geht weit über den Schutz abgelegener Regionen des Planeten hinaus. Es geht darum, unsere Städte zu begrünen und die Natur in unseren Alltag zu integrieren. So gibt es bereits das Vorbild der Schwammstadt. Hier wird der Niederschlag von der Natur selbst gebunden und bei Bedarf in trockenen Zeiten wieder abgegeben. Statt in die Kanalisation abzufließen, speichert eine üppige Vegetation das Wasser, und poröse Baumaterialien lassen den Niederschlag in den Boden versickern. Umgekehrt wird die natürliche Speicherkapazität des Bodens genutzt, um das gespeicherte Wasser in Trockenzeiten wieder abzugeben. Unterirdische Tanks und angelegte naturnahe Seen speichern zusätzliches Wasser, das in Hitzewellen durch Verdunstung die Temperatur senkt. Dach- und Fassadenbegrünungen mit heimischen Pflanzen werden durch Wildblumenwiesen anstelle von Rasen ergänzt. Verkehrswege werden mit heimischen Baum- und Straucharten begrünt. Diese Maßnahmen verbessern nicht nur das Stadtklima, sondern erhöhen auch die Artenvielfalt und die Lebensqualität der Menschen. Der Nutzen des Umbaus zu grünen und klimaneutralen Städten als Strategie gegen Klimawandel und den Verlust der Artenvielfalt wird die Investitionskosten bei Weitem übersteigen. Wir werden nicht umhinkommen, uns an solchen langfristigen und nachhaltigen Zielen zu orientieren, wenn wir unsere Gesellschaften und Lebensweisen zukunftsgerecht umgestalten. Wir sollten uns auf die Chancen und Vorteile freuen, die sich daraus ergeben, und sie mit Mut, Tatkraft und Entschlossenheit angehen, denn wir tun es für uns selbst und für unseren einzigartigen Planeten Erde, dessen Teil wir sind und der uns allen ein gemeinsames Zuhause bietet.

TEIL 3

HANDELN

261 — 275

← **Wunderwerk Winter.** Der Oeschinensee in der Schweiz ist ein Juwel der Alpen, eingebettet in die spektakuläre Kulisse der bis zu 3600 Meter hohen Gipfelwelt des Blüemlisalp, Oeschinenhorn, Fründenhorn und Doldenhorn. Die wunderschönen, oftmals bunt geschichteten und stark verfalteten Gesteine bestehen aus Sandsteinen, Kalken, Schiefern und Flysch. Es sind allesamt Meeressedimente des einst weltumspannenden Tethys-Ozeans der Saurierzeit. Der See entstand durch mächtige Felsstürze am Ende der letzten Eiszeit, die den Talausgang verschütteten.

PROJEKTE DER HOFFNUNG

One voice – one planet.

— Annika Beck, Heilpraktikerin

There is no free lunch. Irgendjemand zahlt immer die Rechnung, und in unserem Fall ist es die Natur. Wir leben auf einem Planeten mit endlichen Ressourcen. Mit mehr als acht Milliarden Menschen und dem Narrativ des unbegrenzten Wirtschaftswachstums und Konsums haben wir die planetaren Grenzen längst überschritten. Dabei ist unser Streben nach immer mehr weder ein Naturgesetz, noch macht es uns glücklicher. Unsere Narrative ruinieren unseren Heimatplaneten, und sie entziehen uns immer stärker unsere Lebensgrundlage. Es wird Zeit, neu zu denken.

Es ist noch nicht zu spät. Noch können wir den Klimawandel, die Zerstörung der Natur und das Artensterben aufhalten. Noch können wir wiederentdecken, wie einzigartig und wunderschön unsere Erde ist und wie wertvoll sie uns sein sollte. Unser gemeinsamer Aufbruch in eine nachhaltige Zukunft und ein Leben im Einklang mit den Ökosystemen kann gelingen, wenn wir unser Wissen um den Zustand der Erde konsequent anwenden und unsere Handlungen entsprechend ändern. Was wir tun können, zieht sich wie ein roter Faden durch dieses Buch. Ich möchte hier die wichtigsten Handlungsstränge noch einmal zusammenfassen.

Wir brauchen politische Maßnahmen, technologische Innovationen, internationale Zusammenarbeit und individuelles

Engagement. Unzählige Menschen kümmern sich bereits aufopferungsvoll um andere Menschen, Tiere und Pflanzen sowie um unsere Erde. Sie sind die stillen Heldinnen und Helden, die es nicht in die Schlagzeilen schaffen. Sie sind tatkräftige Vorbilder, die Mut machen und denen all unser Respekt gebührt. Es sind die positiven Nachrichten und Emotionen, an denen es uns in diesen Zeiten nicht fehlen darf. Es darf Aufbruchsstimmung verbreitet werden: Die Chancen, die sich daraus ergeben, sind so viel größer als die Risiken.

Wir alle sind Teil des Problems und damit auch Teil der Lösung. Symbiosen sind wie Liebesbeziehungen: Sind sie zu einseitig, gehen sie kaputt. Sobald wir für intakte Ökosysteme sorgen, sorgen sie auch für uns. Unser Verhältnis zur Erde muss daher wieder wechselseitig und ausgewogen werden. Dies ist der notwendige Perspektivwechsel für ein neues Werteverständnis. Wir sind kein Fremdkörper in der Natur, denn es gibt keine Trennung zwischen Natur und Mensch. Wir sind Sternenstaub und Erde zugleich, und alles ist miteinander verbunden.

Wir acht Milliarden Menschen sind deswegen in jedem Moment unseres Lebens Entscheidungsträger. Es ist an uns allen, unser tägliches Handeln auf Nachhaltigkeit zu hinterfragen. Dies hat direkte Auswirkungen auf die Lebensqualität und das Wohlergehen unserer Kinder und Enkel. Jeder noch so kleine und nichtig erscheinende, tägliche Beitrag summiert sich zu einer Großtat, wenn wir alle mitmachen.

Die öffentliche Aufmerksamkeit für Klima- und Naturschutz ist groß, und die Zahl ihrer Anhänger wächst beständig. Dies ist ein sehr hoffnungsvolles Zeichen. Seien Sie ein Teil dieser Bewegung. Auf vielen Plakaten bei Demonstrationen für die Demokratie stand zu lesen: Wir sind mehr. Dies gilt auch für den Klima- und Naturschutz. Es ist an uns, den Druck auf die Politik zu erhöhen, um den Aufbruch in eine nachhaltige Zukunft zu gewährleisten. Denn um Klimaschutz und Nachhaltigkeit effektiv umzusetzen, spielen Regierungen eine gewichtige Rolle. Ohne begleitende politische Rahmenbedingungen und Umsetzungen von Gesetzen und Maßnahmen zur Eindämmung des menschgemachten Wandels, wird der Weg in eine nachhaltige Zukunft nicht gelingen.

Der Weg in die Nachhaltigkeit bedeutet keineswegs Einschränkung, Verzicht und Rückgang unseres Wohlstands. Im Gegenteil, er birgt vollkommen neue Chancen und Möglichkeiten. Er wird uns bares Geld sparen, saubere Luft und Wasser sowie gesunde Nahrung bringen und dazu beitragen, die soziale Gerechtigkeit wiederherzustellen. Dieser Weg führt nicht zurück in die Höhle ans Lagerfeuer, er sichert unser Überleben.

Es macht Spaß, mit jeder kleinen Handlung etwas für unseren Planeten zu tun. Machen Sie mit, und erzählen Sie es weiter, vor allen denen, die es noch nicht gehört haben.

WAS POLITIK, WIRTSCHAFT UND INDUSTRIE TUN MÜSSEN

Es braucht einen parteiübergreifenden, klar erkennbaren Willen zum konsequenten Umdenken und tatkräftigen Handeln. Taktieren und Schönreden ist keine Option mehr. Es werden enge Abstimmungen zwischen Politik, Wirtschaft, Industrie, Forschung und der Bevölkerung benötigt, um verlässliche Rahmenbedingungen zu schaffen. Es mangelt nicht an Ideen für eine nachhaltige Wirtschaft und Industrie. Woran es mangelt, sind verlässliche Strategien seitens der Politik und eine klare Agenda, die weit über das Thema Treibhausgasneutralität hinausgehen muss.

→ Anerkennen, dass Klimaschutz, Naturschutz und der Erhalt der Biodiversität die einzigen Auswege aus unseren essenziellen Krisen sind. Die Chancen der Innovationen erneuerbarer Energien müssen genutzt werden.

→ Abkehr vom Narrativ des unbegrenzten Wirtschaftswachstums. Es ist der Motor für unseren Aufstieg, aber auch für den Abstieg der Natur. Unendliches Wachstum auf einem Planeten mit endlichen Ressourcen funktioniert nicht. Vorausschauendes, nachhaltiges Handeln ist eine Investition in unsere Zukunft und wichtiger als kurzfristiger Profit. »Weniger ist mehr« muss unser neues Motto sein.

→ Die Trennung von Mensch und Natur aufheben. Dazu ist auf nationaler und internationaler Ebene das Geflecht aus Politik, Gesellschaft, Sozioökonomie, Wirtschaft, Industrie, Forschung, Recht, Militär und Religion neu zu denken.

- → Verstärkt auf Diplomatie und Verhandlungen setzen. Nach Lösungen für Konflikte und Kriege suchen. Die freiheitlich demokratische Grundordnung schützen und soziale Gerechtigkeit fördern. Der Polarisierung der Gesellschaften entgegenwirken. Wir müssen wieder miteinander reden und versöhnen, anstatt Abspaltung und Ausgrenzung zu betreiben. Wir müssen weltoffen sein, Vielfalt zulassen und die Probleme gemeinsam angehen. Autokratische und diktatorische Staaten haben kein echtes Interesse an Klimaschutz, dem Erhalt der Natur und Menschrechten.
- → Eine Allianz der Willigen bilden und Vorreiter für nachhaltige Technologien sein. Klima- und Naturschutzkonferenzen zu Erfolgen machen und kollektiv als Weltgemeinschaft nach Lösungen suchen.
- → Die Energie- und Verkehrswende muss sicherstellen, dass die Emissionen von Treibhausgasen so schnell wie möglich reduziert werden. Dies erfordert erneuerbare, treibhausgasneutrale Energien, höhere Energieeffizienz, Stromspeichertechniken und Elektrifizierung von Transport.
- → Innovative Techniken zur Nutzung erneuerbarer Energien entwickeln und serienreif machen. Dazu gehört auch das Abscheiden des bereits in der Atmosphäre befindlichen CO_2, aber nicht das Abscheiden des CO_2, das bei der Verbrennung fossiler Rohstoffe frei wird.
- → Klimaschädliche Subventionen abschaffen. Das frei werdende Geld direkt in nachhaltige, biologische, naturerhaltende Maßnahmen, Techniken, Projekte und Praktiken investieren. Nachhaltiges Verhalten fördern und belohnen, z. B. den Kauf von Bioprodukten. Klimaschädliches Verhalten muss durch hohe Abgaben unattraktiv werden.

- Kreislaufwirtschaft einführen und das Wegwerfen ächten. Die Bodenschätze in der Erde belassen und stattdessen Recycling durch Urban Mining betreiben. Smartphones bestehen zu 50 Prozent aus wertvollen Metallen, 75 Prozent unserer Rohstoffe haben wir in unseren Städten verbaut. Ihre Rückgewinnung ist ein wichtiger Schritt zur Kreislaufwirtschaft.
- Neue Mobilitätskonzepte fördern: das Bahnnetz modernisieren und ausbauen, den Lkw-, Transit-, und Fernverkehr auf die Schiene verlegen, lokalen Bus- und Lkw-Verkehr elektrifizieren, ÖPNV kostenfrei zur Verfügung stellen und im ländlichen Raum kostenfreie On-Demand-Fahrdienste zu Bahnhaltestellen anbieten.
- Die wahren Kosten eines Produkts einschließlich der Ökosystemdienstleitungen offenlegen. Auf diese Weise wird auch deutlich, dass der Individualverkehr mit E-Autos niemals umweltverträglich sein kann.
- Rebound-Effekte eindämmen: Produkte nachhaltig und lange nutzen. Reparaturen attraktiv machen. Weniger wegwerfen und weniger herstellen.
- Politik muss verständlicher und transparenter informieren. Politik wird oft von alten Menschen für alte Menschen gemacht. Die Jugend hat ein Recht auf Klima- und Umweltschutz, schließlich müssen sie im wahrsten Sinne des Wortes den steigenden Meeresspiegel ausbaden.
- Projekte fördern, die sich der Wissensvermittlung in die Öffentlichkeit widmen. Erst wenn Menschen die komplexen Zusammenhänge zwischen Gesellschaft, Klima, Ökosystemen und Biodiversität verstehen, verlieren die bereits existierenden Lösungswege ihren Schrecken. Die Geschichte unserer Erde und des Lebens muss neu erzählt und der Erfolg von Maßnahmen muss kommuniziert werden.

- → Green City- und Schwammstadt-Konzepte umsetzen. Dächer und Fassaden, die nicht für Solaranlagen genutzt werden, mit regionalen Pflanzen begrünen. Regenwasser auffangen und für Trockenzeiten und Hitzeperioden speichern. Seen und Teiche anlegen. Wildblumenwiesen und Bäume anpflanzen. Nistmöglichkeiten für Vögel an Fassaden und Dächern schaffen. Laubbläser verbieten, da sie für Insekten wie ein tödlicher Tornado sind.
- → Die Verschwendung von Lebensmitteln durch Regulierung und Aufklärung eindämmen.
- → Schutzgebiete an Land und im Ozean ausweiten und die Bevölkerung durch Aufklärung für den Naturschutz begeistern. Das Wissen der indigenen Völker berücksichtigen und ihr Naturverständnis in unser Leben integrieren. Renaturierung von Ökosystemen, die bereits nachhaltig gestört sind. Invasive Arten eindämmen. Plastiknutzung regulieren, um Abfälle zu vermeiden und Techniken zu entwickeln, die die Ozeane vom Plastikmüll befreien.
- → Die Arktis und Antarktis sowie die Tiefseeböden zu Weltnationalparks ohne Besitzanspruch erklären. Den Zugriff auf die Ressourcen in diesen Regionen verbieten. Dies gilt insbesondere für das Deep-Sea-Mining und Schiffsrouten durch die Arktis.
- → Förderung von ökologischer Landwirtschaft und nachhaltiger Fischerei. Abkehr von der Massentierhaltung, Nutztiere wieder auf Weiden grasen lassen. Geringerer Fleischkonsum aus ausschließlich regionaler Bioproduktion. Fruchtwechsel und Brachflächen auf Feldern etablieren. Zwischenfruchtanbau zur Bodendüngung nutzen. Landwirtschaftliche Flächen mit Blühstreifen, Baumreihen, Hecken und Gehölzen umsäumen. Dies schafft einen natürlichen Schutz vor Fressfeinden und macht den Einsatz von Pestiziden unnötig.

- Intelligente Stadtplanung und Verkehrsführung. Straßen- und Gebäudebeleuchtungen mit Bewegungsmeldern ausstatten, um Strom zu sparen. So werden unsere Städte und Straßen nachts wieder dunkel und werden nur nach Bedarf beleuchtet. Intelligent vernetzte Ampeln können den Verkehr nach Aufkommen regeln. Das vermeidet Staus, reduziert den Spritverbrauch und CO_2-Ausstoß bzw. spart im Fall der E-Autos Strom und Batteriekapazität.
- Bürokratie abbauen.

WAS WIR ALLE TUN KÖNNEN

Wir sollten uns nicht angstvoll, frustriert und mutlos Weltuntergangsszenarien ausmalen, sondern die Chancen für den Aufbruch in eine nachhaltige Welt erkennen und tatkräftig daran mitarbeiten. Die Verbindung aus Emotionen und einem Verständnis für das Funktionieren der Natur lässt uns die Verletzlichkeit der Erde erkennen. Wir sollten uns auf unsere Werte rückbesinnen: Liebe, Empathie, Respekt, Verantwortung, Rücksicht, Achtsamkeit, Dankbarkeit und Kooperation. Deswegen ist es wichtig zu verstehen und anzuerkennen, dass es auf so etwas Komplexes wie das Erdsystem und unseren Einfluss darauf keine einfachen Antworten gibt. Wir müssen Demokratie und Frieden stärken und Fakten nicht mit Meinungen verwechseln. Wir können viel erreichen, wenn wir uns für ein friedliches und wertschätzendes Miteinander einsetzen, verbal abrüsten und miteinander reden.

→ Für ein Umdenken braucht es den Druck der informierten Öffentlichkeit, um den sprichwörtlichen Stein ins Rollen zu bringen, mit anderen Worten: Es braucht Sie!
→ Einseitige Informationsquellen vermeiden. Nachrichten nicht ausschließlich aus den Bubble-News der sozialen Medien beziehen. Das Blickfeld weiten und Probleme von verschiedenen Seiten betrachten, andere Standpunkte berücksichtigen und sich ein unabhängiges Bild machen.
→ Es braucht Konzepte, die unser Leben entschleunigen. Klima- und Naturschutz im Alltag leben. Der neue Luxus ist ein geringerer Pro-Kopf-Verbrauch der Natur und der

irdischen Ressourcen. Dafür brauchen wir neue Narrative, und sie etablieren sich bereits: Mit dem Flugmeilenkonto zu prahlen, ist genauso von gestern, wie PS-starke SUV zu fahren oder regelmäßig Kreuzfahrten zu machen. Es macht einen großen Unterschied, wenn Sie immer öfter auf Auto, Flugzeug und Steak verzichten, Sie ändern damit Stück für Stück die Gesellschaft. Vor über 30 Jahren wurde ich mitleidig angeschaut, wenn ich im strömenden Regen mit dem Fahrrad zur Uni fuhr. Ich tat dies schon damals aus Umweltgründen, aber auch um mich fit zu halten. Laut Statistischem Bundesamt nutzen immer noch 40 Prozent der Berufspendler für Fahrtwege unter fünf Kilometern regelmäßig das Auto. Hoffnung macht aber, dass inzwischen 26 Prozent der Menschen regelmäßig das Fahrrad für diese Strecken nutzen, 25 Prozent gehen zu Fuß. Allerdings nutzen nur 9 Prozent den ÖPNV. Ein starkes Argument für die kostenfreie Bereitstellung der öffentlichen Verkehrsmittel, damit die Autos stehen bleiben.

→ Sich Gedanken über den Ursprung unserer Produkte machen: Benzin und Diesel entsteht nicht in der Zapfsäule, Strom nicht in der Steckdose und Milch nicht im Tetra-Pak. Sich bewusst machen, dass das Stück Fleisch auf unserem Teller ein fühlendes Tier war, das mit uns diesen Planeten bewohnte und vermutlich kein artgerechtes Leben geführt hat. Sich bewusst machen, wo die Rohstoffe für das neue Smartphone herkommen, welch großen CO_2-Fußabdruck Autofahren oder Fliegen haben.

→ Veraltetes Verbraucherverhalten mit mehr Nachhaltigkeit korrigieren. Das Licht ausmachen, wenn es nicht benötigt wird. Nicht so viel heizen und lieber wärmer kleiden, weniger Auto fahren und Müll reduzieren. Geräte nicht im Stand-by-Modus lassen. Sparsam mit Wasser umgehen.

All dies kann ohne merkliche Einbußen an Lebensqualität gelingen und spart sogar Geld.

- → Ein langer Urlaub ist umweltverträglicher als mehrere Kurztrips. Dies gilt vor allem für Fernreisen. Bei Flügen immer die volle CO_2-Kompensation mitbuchen, auch wenn der Flug dadurch teurer wird. Die Rechnung zahlt sonst die Natur.
- → Weniger Konsum, Dinge länger nutzen und reparieren, Fast Fashion vermeiden.
- → Lebensmittel weder verschwenden noch wegwerfen. Dies ist eine inakzeptable Ressourcenverschwendung von Rohstoffen, Landflächen und Wasser. Sie geht zulasten der Natur und der Artenvielfalt.
- → Weniger Fleisch essen und verstärkt auf vegetarische Produkte setzen, die im besten Fall biologisch und regional erzeugt wurden.
- → Freiwillig nicht schneller als 120 Kilometer pro Stunde auf der Autobahn fahren. Dies schont die Umwelt, spart Geld, Nerven und reduziert das Unfallrisiko.
- → Mehr Rasenflächen zu Wildblumenwiesen machen. Schmetterlinge, Bienen, Hummeln, Vögel und Igel danken es Ihnen. Rasenflächen seltener mähen und auf häufige Beschnitte von Sträuchern und Bäumen verzichten. Es ist nicht unordentlich, sondern schöner, wenn man die Natur gewähren lässt.
- → Naturerfahrungen machen, z. B. in den Wald gehen und die Natur in der Umgebung erkunden, vom Sternenhimmel bis zum kleinen Käfer. Neugierig sein. Die Natur mit allen Sinnen auf sich wirken lassen und sich im wahrsten Sinne des Wortes erden. Pflanzen und Tiere bewusst wahrnehmen, sie sind individuelle Wesen, die mit uns zusammen den Planeten bewohnen. Sie haben ein Recht darauf, nach ihren Gewohnheiten zu leben.

- → Die Natur nicht als Gegenstand oder Ware betrachten, sondern uns als Teil der Natur begreifen.
- → Kinder frühzeitig für die Natur begeistern und ihnen die Zusammenhänge zwischen Mensch, Erde und Natur vermitteln, damit sie unseren Planeten früh wertschätzen lernen. Ich sehe es bei meinen Vorträgen, wie neugierig und begeisterungsfähig Kinder sind, etwas über unseren Planeten zu erfahren.
- → In der Natur einen Müllbeutel dabeihaben, nicht nur für Ihren eigenen Abfall, sondern um alles, was Sie am Wegesrand finden, einzusammeln: Plastik, Dosen, Metall und Glas. Jeder Beitrag zählt.
- → Gemeinschaftliches Engagement: Unterstützen Sie Organisationen, mit Tatkraft oder Geld, die sich für den Klima- und Naturschutz einsetzen.
- → Teilen Sie Ihr Wissen und Ihre Begeisterung für die Erde und die Natur mit anderen Menschen, vor allem mit denen, die davon bislang nichts wissen wollen. Sie sind Inspiration und Vorbild für andere Menschen.

EIN EMOTIONALES RESÜMEE

Dinge erscheinen unmöglich. Bis man sie tut.

— Nelson Mandela

Wir beschützen und bewahren, was wir lieben. Allerdings lieben wir nur, was wir gut kennen. Es wird Zeit, dass wir unseren Planeten und die Natur neu kennenlernen und uns neu in sie verlieben. Diese Liebe drückt sich in Empathie, Respekt, Wertschätzung, Dankbarkeit und einem Zugehörigkeitsgefühl zur Natur aus. Wir dürfen berührt und gerührt sein von der Schönheit und Anmut der Natur und ihren Lebewesen.

Dieses Buch habe ich mit viel Herzblut, mancher Träne der Trauer, aber auch mit Hoffnung geschrieben. Ich wäre glücklich, wenn ich dazu beitragen könnte, dass wir Erdenhüter zahlreicher und gemeinsam zu Botschaftern unseres Planeten werden und unsere Stimme für die Natur erheben.

Es liegt in unseren Händen, ob wir als Menschheit eine Zukunft haben. Es ist an uns, die dafür erforderlichen Maßnahmen tatkräftig, mutig und entschlossen anzugehen. Mit neuen Narrativen können wir unsere Intelligenz dazu einsetzen, weise zu werden, um künftig in Symbiose mit der Natur zu leben. Es gibt dieses wunderbare Sprichwort, das besagt, dass Liebe das Einzige ist, das sich verdoppelt, wenn man sie teilt. Die innere Einsicht, unseren Planeten zu lieben, ist eine einzigartige Triebfeder: Mit all dem Wissen über unseren Planeten und mit der Natur im Herzen kann es uns gelingen, in eine nachhaltige Zukunft aufzubrechen und sie aktiv zu gestalten.

DANKSAGUNG

Mein größter Dank gebührt meinen Eltern, Brigitte und Jürgen, die mir die Liebe zu unserem Planeten in die Wiege gelegt haben, meine Begeisterung für die Erde immer gefördert und nie daran gezweifelt haben, dass ich über dieses Thema einmal einen Bestseller schreiben würde. Mein innigster Dank geht an Tala Mohajeri für das Halten des Raumes, die emotionale und inhaltliche Begleitung und für Dein erdendes Sein. Ich danke aufs herzlichste Miguel Gahn für seine tiefe Begleitung im Wandel von Raum und Zeit.

Herzlicher Dank gebührt Prof. Dr. Hartmut Graßl für die Begleitung meines beruflichen Werdegangs und die inhaltliche Prüfung dieses Buches.

Ebenso herzlich danke ich Dr. Frank Paul für seine Liebe zu den Gletschern und die inhaltliche Prüfung der Eiswelten in diesem Buch. Ein Dankeschön geht an Prisca Geissler-Heinze für das konstruktive Gegenlesen des ersten Teils dieses Buches abseits der Wissenschaft.

Für Eure Freundschaft und unermüdliche Unterstützung danke ich innig Prof. Dr. Gero Hillmer, Dr. Stephan Bakan, Prof. Dr. Sven Nielsen, Prof. Dr. Martin Claußen, Dr. Jörg Burdanowitz, David Hingston, Tanja Thiele und Dirk Ritter. Größter Dank gebührt Achim Pauly, Peter Käfferlein und Olaf Köhne für Euren immerwährenden Einsatz und Support.

Ein herzliches Dankeschön geht an den Gutkind Verlag für die fantastische und freundschaftliche Zusammenarbeit, allen voran an Ulrike von Stenglin, Daniel Mursa und Janine Milstrey.

LITERATURVERZEICHNIS

WEITERFÜHRENDE LITERATUR

Arndt, S., 2022: Expeditionen in eine schwindende Welt. Wie das Abschmelzen der Polkappen unseren Planeten für immer verändern wird. Rowohlt Polaris, ISBN 978-3-499-00866-5

Baldridge, W. S., 2004: Geology of the American Southwest. A Journey through Two Billion Years of Plate-Tectonic History. Cambridge University Press, ISBN 0-521-01665-5

Brusatte, S., 2018: Aufstieg und Fall der Dinosaurier. Eine neue Geschichte der Urzeitgiganten. Piper, ISBN 978-3-492-05810-0

Camejo, S. A., 2007: Skurrile Quantenwelt, Springer, ISBN 978-3-596-17489-8

Campell, H., Hutching, G., 2007: In Search of Ancient New Zealand. Penguin Books, ISBN 9780143206170

Chown, M., 1999: Die Suche nach dem Ursprung der Atome. Wie und von wem das Universum entziffert wurde. dtv premium, ISBN 3-423-24323-0

Chown, M., 2013: What a Wonderful World, Faber and Faber. ISBN 978-0-571-27839-8

Cloos, H., 2013: Gespräch mit der Erde. Welt- und Lebensfahrt eines Geologen. Wissenschaftliche Buchgesellschaft, ISBN 978-3-8262-3063-9

Coates, G., 2002: The Rise and Fall of the Southern Alps. Canterbury University Press, ISBN 0-908812-93-0

Condie, K. C, 2016: Earth as an Evolving Planetary System. Elsevier, Academic Press, ISBN: 978-0-12-803689-1

De Duve, C., 1995: Aus Staub geboren. Leben als kosmische Zwangsläufigkeit. Springer Verlag, ISBN 3-86025-352-2

Findeklee, A., Editorial: Massenaussterben. Reset für das Leben. Spektrum der Wissenschaft Kompakt 38.21

Fischer, L., Editorial: Paläoklima. Der Blick zurück in die Zukunft. Spektrum der Wissenschaft Kompakt 05.23

Fortey, R., 1999: Leben. Eine Biosgraphie. Die ersten vier Milliarden Jahre. C.H.Beck, ISBN 3-406-44701-5

Friedhuber, S., 2006: Der Uramazonas. Fluss aus der Sahara. Adeva, ISBN 978-3-201-011876-0

Frisch, W., Meschede, M., 2007: Plattentektonik, Kontinentverschiebung und Gebirgsbildung. Primus Verlag, ISBN 978-3-89678-590-9

Gaese-Böhning, K., Bauer, F., 2023: Vom Verschwinden der Arten. Der Kampf um die Zukunft der Menschheit. Klett-Cotta, ISBN 978-3-608-12137-7

Göpel, M., 2020: Unsere Welt neu denken. Eine Einladung. Ullstein, ISBN 978-3-550-20079-3

Göpel, M., 2022: Wir können auch anders. Aufbruch in die Welt von morgen. Ullstein, ISBN 978-3-550-20161-5

Graßl, H., Klingholz, R., 1990: Wir Klimamacher. Auswege aus dem globalen Treibhaus. S. Fischer Verlag, ISBN 3-10-028605-7

Graßl, H., 1999: Wetterwende, Vision: Globaler Klimaschutz. Campus EXPO 2000, ISBN 3-593-36035-7
Graßl, H., 2007: Klimawandel. Was stimmt? Die wichtigsten Antworten. Herder Verlag, ISBN 978-3-451-05899-8
Green, B., 2002: Das elegante Universum. BvT Verlag, ISBN 3-8333-0221-6
Gudmundsson, A. T., 2007: Lebende Erde. Facetten der Geologie Islands. Mal Og Menning, ISBN 978-9979-3-2778-3
Haeberli, W., Huggel, C., Paul, F. and Zemp, M., 2020: The response of glaciers to climate change: Observations and impacts In: Shroder, J. (Editor in Chief), James, L.A., Harden, C.P., Clague, J.J. (Eds.): Treatise on Geomorphology. Academic Press, San Diego, CA, vol. 13, Geomorphology of Human Disturbances, Climate Change, and Natural Hazards, pp. 152–175. (https://doi.org/10.1016/b978-0-12-818234-5.00011-0)
Harari, Y.N., 2019: 21 Lektionen für das 21. Jahrhundert. C.H.Beck, ISBN 978-3-406-72778-8
Hsü, K.J., 1990: Die letzten Jahre der Dinosaurier. Birkhäuser, ISBN 978-3-7643-2364-7
IPCC, 2021: Summary for Policymakers. In: *Climate Change 2021: The Physical Science Basis*. Contribution of Working Group I to the Sixth Assessment Report of the Intergovernmental Panel on Climate Change [V. Masson-Delmotte, P. Zhai, A. Pirani, S. L. Connors, C. Péan, S. Berger, N. Caud, Y. Chen, L. Goldfarb, M. I. Gomis, M. Huang, K. Leitzell, E. Lonnoy, J. B. R. Matthews, T. K. Maycock, T. Waterfield, O. Yelekçi, R. Yu, B. Zhou (Hg.)], Cambridge University Press.
IPCC, 2021: *Climate Change 2021: The Physical Science Basis*. Contribution of Working Group I to the Sixth Assessment Report of the Intergovernmental Panel on Climate Change [V. Masson-Delmotte, P. Zhai, A. Pirani, S.L. Connors, C. Péan, S. Berger, N. Caud, Y. Chen, L. Goldfarb, M. I. Gomis, M. Huang, K. Leitzell, E. Lonnoy, J. B. R. Matthews, T. K. Maycock, T. Waterfield, O. Yelekçi, R. Yu, B. Zhou (Hg.)], Cambridge University Press.
Jastrow, R., Rampino, M., 2008: Origins of Life in the Universe. Cambridge University Press, ISBN 978-0-521-53283-9
Johnson, D., 2009: The Geology of Australia. Cambridge University Press, ISBN 978-0-521-76415
Kean, S., 2011: Die Ordnung der Dinge. Im Reich der Elemente. Hoffman und Campe, ISBN 978-3-455-50208-4
Kimmerer, R.W., 2021: Geflochtenes Süßgras. Die Weisheit der Pflanzen. Aufbau Verlag, ISBN 978-3-351-03873-1
Klepp, C., 2022: Wunderwerk Erde. Edel Verlagsgruppe, ISBN 978-3-8419-0815-5
Kraus, H., 2001: Die Atmosphäre der Erde. Eine Einführung in die Meteorologie. Springer, ISBN 3-540-41844-X
Lane, P., 2013: Geology of Western Australia's National Parks. Geology for Everyone. National Library of Australia, ISBN 978-0-646-48217-0

Latif, M., 2022: Countdown. Unsere Zeit läuft ab – was wir der Klimakatastrophe noch entgegensetzen können. Herder, ISBN 978-3-451-39271-9

Latif, M., 2023: Heißzeit. Mit Vollgas in die Klimakatastrophe – und wie wir auf die Bremse treten. Goldmann, ISBN 978-3-[illegible]

Lenzen, O., 2022: Das große Buch vom Sand. Die Vielfalt im Kleinen. Haupt Verlag, ISBN978-3258-08270-7

Lillie, R. J., 2005: Parks and Plates, The Geology of our National Parks, Monuments and Seashores. W.W. Norton & Company, ISBN 0-393-92407-6

Lovelock, J., 1991: Das Gaia-Prinzip: die Biographie unseres Planeten. Artemis & Winkler, Zürich/München

Maresch, W., Schertl, H.-P., Medenbach, O., 2014: Gesteine, Systematik, Bestimmung, Entstehung, Schweizerbart. ISBN 978-3-510-65285-3

Marthaler, M., 2005: Das Matterhorn aus Afrika. Die Entstehung der Alpen in der Erdgeschichte. Ott Verlag, ISBN 3-7225-0008-7

Meschede, M., 2018: Geologie Deutschlands. Ein prozessorientierter Ansatz. Springer Spektrum, ISBN 978-3-662-56421-9

Mohajeri, T., 2017: Die Wildnis in dir. Entdecke deine Einzigartigkeit. Irisiana, ISBN 978-3-424-15323-1

Mohajeri, T., 2020: Körperflüstern. Der heilsame Dialog mit deinem Körper. Irisiana, ISBN 978-3-424-15362-0

Mohajeri, T., 2023: Reload. So füllst Du Dein Energiedepot wieder auf. Irisiana, ISBN 978-3-424-15445-0

Park, G., 2021: Die Geologie Europas. Wissenschaftliche Buchgesellschaft, ISBN 978-3-534-27273-0

Paul, F. and Hoelzle, M., 2020: Gletscherbeobachtung und globale Trends. In: Lozán J. L., S.-W. Breckle, H. Graßl, et al. (Hrsg.): Warnsignal Klima: Hochgebirge im Wandel. pp. 115–121 (https://doi.org/10.25592/uhhfdm.9273)

Pfiffner, O.A., 2009: *Geologie der Alpen*, Haupt UTB Verlag, ISBN 978-3-8252-8416-9

Plöger, S., 2023: Zieht euch warm an, es wird noch heißer. Können wir den Klimawandel noch beherrschen? Westend, ISBN 978-3-86489-409-1

Röhrlich, D., 2012: Urmeer. Die Entstehung des Lebens. Mareverlag, ISBN 978-3-86648-123-7

Rollinson, H., 2008: Early Earth Systems. A Geochemical Approach. Blackwell Publishing, ISBN 978-1-4051-2255-9

Rothe, P., 2010: Gesteine, Entstehung, Zerstörung, Umbildung, Primus Verlag. ISBN 978-3-89678-688-3

Schätzing, F., 2006: Nachrichten aus einem unbekannten Universum. Eine Zeitreise durch die Meere. Kiepenheuer&Witsch, ISBN 978-3-462-03690-9

Schmincke, H. U., 1998: Volcanism. Springer, ISBN 3-540-43650-2

Stanley, S. M., 1989: Die Krisen der Evolution. Artensterben in der Erdgeschichte. Spektrum der Wissenschaft, ISBN 3-922508-89-8

Steiner, W, 1993: Urzeit. Die erdgeschichtliche Entwicklung unseres Kontinents von der Urzeit bis Heute. Mosaik Verlag, ISBN 3-576-10276-0
Stow, D., 2012: Vanished Ocean. Oxford University Press, ISBN 978-019-921429-7
Thornton, J., 1985: New Zealand Geology. An Introduction to Rocks, Minerals and Fossils. Reed Books, ISBN 0-7900-0405-4
Thunberg, G., 2022: Das Klimabuch. Fischer, ISBN 978-3-10-397189-7
Walter, R., 2014: Erdgeschichte. Die Geschichte der Kontinente, der Ozeane und des Lebens. Schweizerbart, ISBN 978-3-510-65281-5
Wefer, G., 2010: Dynamische Erde – Zukunftsaufgaben der Geowissenschaften. Strategieschrift, Geokommission der DFG, MARUM, ISBN 978-3-00-029808-0
Wefer, G., Schmieder, F., 2015: Expedition Erde, Wissenswertes und Spannendes aus den Geowissenschaften. MARUM Bibliothek, ISBN 978-3-00-049045-3
Williams, H., 2002: The Restless Northwest. Washington University Press, ISBN 0-87422-250-8
Williams, J., 1997: The Weather Book. An Easy-To-Understand Guide to the USA's Weather. USA Today, Random House, ISBN 0-679-77665-6
Von Lüpke, G., 2015: Politik des Herzens. Nachhaltige Konzepte für das 21. Jahrhundert. Gespräche mit den Weisen unserer Zeit. Arun, ISBN 978-3-86663-101-4
Yong, E., 2018: Winzige Gefährten. Wie Mikroben uns eine umfassendere Ansicht vom Leben vermitteln. Kunstmann, ISBN 978-3-95614-232-1

AUSGEWÄHLTE FACHARTIKEL

Allwood, Abigail & Walter, Malcolm & Kamber, Balz & Marshall, Craig & Burch, I., 2006: Stromatolite reef from the Early Archaean era of Australia. Nature. 441. 714-8. 10.1038/nature04764
Andermann, T. et al.: 2020: The past and future impact on mammalian diversity. Science Advances 6.
Archer, D., Brovkin, V, 2008: The millennial atmospheric lifetime of anthropogenic CO_2. Climatic Change, 90
Bell. E.A., Boehnke, P., Harrrison, T.M., Mao, W.L., 2015: Potentially biogenic carbon preserved in a 4.1 billion-year-old zircon. PNAS 112 (47) 14518-14521, doi:10.1073/pnas.1517557112
Ben-Ami, Y., I. Koren, Y. Rudich, P. Artaxo, S. T. Martin, M. O. Andreae, 2010: Transport of Saharan dust from the Bodele Depression to the Amazon Basin: a case study. Atmos. Chem. Phys. Discuss., 10, 4345–4372, 2010. www.atmos-chem-phys-discuss.net /10/4345/2010/
Burke, K., 2011: Plate Tectonics, the Wilson Cycle, and Mantle Plumes: Geodynamics from the Top. Annu. Rev. Earth Planet. Sci. 39, 1–29
Campbell, I. H., Taylor S. R., 1983: No water, no granites – No oceans, no continents. GRL Vol 10, No 11, https://doi.org/10.1029/GL010i011p01061

Cohen, B.A., et al., 2000: Support for the Lunar Cataclysm Hypothesis from Lunar Meteorite Impact Melt Agnes. Science 290, p 1754–1756

Cowie, R.H. et al., 2022: The sixth mass extinction: Fact, fiction or speculation? Biological Reviews 97.

Damer, B., 2016: A Field Trip to the Archaean in Search of Darwin's Warm Little Pond. Life 6, 21.

Djokic, T. et al., 2017: Earliest Signs of Life on Land Preserved in ca. 3.5 Ga Hot Spring Deposits. Nature Communications 8, 15263

Dodd, M., Papineau, D., Grenne, T. *et al.*, 2017: Evidence for early life in Earth's oldest hydrothermal vent precipitates. *Nature* 543, 60–64, https://doi.org/10.1038/nature21377

Duesterhoeft, E., Quinteros, J., Oberhänsli, R., Bousquet, Capitani, C., 2014: Relative impact of mantle densification and eclogitization of slabs on subduction dynamics: A numerical thermodynamic/thermokinematic investigation of metamorphic density evolution. Tectonophysics. 637. 10.1016/j.tecto.2014.09.009

Elhacham, E., Ben-Uri, L., Grozovski, J. et al., 2020: Global human-made mass exceeds all living biomass. Nature 588, 442–444, https://doi.org/10.1038/s41586-020-3010-5

Faurby, S., et al., 2020: Brain expansion in early hominins predicts carnivore extinctions in East Africa. Ecology Letters 33.

Fielding, C.R. et al., 2019: Age and pattern of the southern high-latitude and-Permian extinction constrained by multiproxy analysis. Nature Communications 10.

Fischer, E.M., Sippel, S., Knutti, R., 2021: Increasing probability of record-shattering climate extremes. Nature Climate Change, 11

Francis, J.A. etal., 2017: Amplified Arctic Warming and Mid-Latitude Weather: New Prespectives on Emerging Connections. WIREs Climate Change, 8, e474

Francis, J .A., 2018, Arktis: Auf dünnem Eis. Spektrum der Wissenschaft, Oktober 2018, 52–57

Gall, S., Thompson, R. C., 2016: The impact of debris on marine life. Marine Pollution. Bulletin 6, no. 33882, https://doi.org/10.1016/j.marpolbul.2014.12.041

Global Carbon Budget, 2023 – with major processing by Our World in Data: »Cumulative CO_2 emissions – GCB« [dataset]. Global Carbon Project, »Global Carbon Budget« [original data], https://ourworldindata.org/

Global Carbon Budget, 2023; Population based on various sources (2023) – with major processing by Our World in Data: »Annual CO_2 emissions (per capita) – GCB« [dataset]. Global Carbon Project, »Global Carbon Budget«; Various sources, »Population« [original data], https://ourworldindata.org/

Global Carbon Budget, 2023 – with major processing by Our World in Data: »Annual CO_2 emissions – GCB« [dataset]. Global Carbon Project, »Global Carbon Project, »Global Carbon Budget« [original data], https://ourworldindata.org/

Global Carbon Budget, 2023; Maddison Project Database 2020 (Bolt and van Zanden, 2020) – with major processing by Our World in Data: »Annual CO_2 emissions per GDP (kg per international-$) – GCB« [dataset]. Global Carbon Project, »Global Carbon Budget«; Bolt and van Zanden, »Maddison Project Database« [original data], https://ourworldindata.org/

Gulbranson, E.L. et al., 2021: Paleoclimate-induced stress on polar forested ecosystems prior to the Permian-Triassic mass extinction. Scientific Reports 12.

Hodges, K.V., 2004: Quartenary deformation, river steepening, and heavy precipitation at the front of the higher Himalayan ranges. Erath and Planetary Science Letters, 220, p 379

Hodges, K.V., 2007: Wie das Klima Berge versetzt. Spektrum der Wissenschaft, Februar 2007, 52–59

Junghänel, T., Bissolli, P., Daßler, J., Fleckenstein, R., Imbery, F., Janssen, W., Kaspar, F., Lengfeld, K., Leppelt, T., Rauthe, M., Rauthe-Schöch, A., Rocek, M., Walawender, E und Weigl, E., 2012: Hydro-klimatologische Einordnung der Stark- und Dauerniederschläge in Teilen Deutschlands im Zusammenhang mit dem Tiefdruckgebiet »Bernd« vom 12. bis 19. Juli 2021: https://www.dwd.de/DE/leistungen/besondereereignisse/niederschlag/20210721_bericht_starkniederschlaege_tief_bernd.pdf

Jewitt, D., Young, E.D, 2015: Als die Meere vom Himmel fielen, Spektrum der Wissenschaft, September 2015, 50–58

Klepp, C., Michel, S., Protat, A. et al., 2018: OceanRAIN, a new in-situ shipboard global ocean surface-reference dataset of all water cycle components. Sci Data 5, 180122, https://doi.org/10.1038/sdata.2018.122

Klepp, C., Kucera, P.A., Burdanowitz, J., Protat, A., 2020: OceanRAIN – The Global Ocean Surface-Reference Dataset for Characterization, Validation and Evaluation of the Water Cycle. In: Levizzani, V., Kidd, C., Kirschbaum, D., Kummerow, C., Nakamura, K., Turk, F. (eds) Satellite Precipitation Measurement. Advances in Global Change Research, vol 69. Springer, Cham. https://doi.org/10.1007/978-3-030-35798-6_10

Knauth, L. P., 2005: Temperature and salinity history of the Precambrian ocean: implications for the course of microbial evolution, Palaeoecology 219, 53–69

Kucera, P.A., Klepp, C., 2022: Chapter 11 – Evaluation of high-resolution satellite precipitation over the global oceans, Editor(s): Silas Michaelides, Precipitation Science, Elsevier, 305–332, ISBN 9780128229736, https://doi.org/10.1016/B978-0-12-822973-6.00008-1.

Laurent, C., Lebreton, M., et al., 2017: River plastic emissions to the world's oceans. Nature Communications 8, no. 15611, http://doi.org/10.1038/ncomms15611

Laurent C. Lebreton, M., et al., 2018: Evidence that the Great Pacific Garbage Patch is rapidly accumulating plastic. Scientific Reports 8, no. 4666, https://doi.org/10.1038/s41598-018-22939-w

Lingenhöhl, D., 2014: Der Jetstream schlägt Welle. Spektrum der Wissenschaft, April 2014, 76–81

Lovett, R., 2010: African dust keeps Amazon blooming. *Nature*, https://doi.org/10.1038/news.2010.396
Mann, A., 2018: Astrogeologie. Streit um frühe Erde. Spektrum der Wissenschaft, August 2018, 58–62
Mann, M.E. et al., 2018: Projected changes in persistent extreme summer weather events: The role of quasi-resonant amplification. Science Advances 4
Mann, M.E., 2019: Klimawandel, gefährlicher Wetterverstärker. Spektrum der Wissenschaft, Juli 2019, 54–61
Marvel, K., etal., 2015: External Influences on Modeled and Observed Cloud Trends. Journal of Climate, 28, p 4820–4840
Marvel, K., 2018: Das Wolkenparadox, Spektrum der Wissenschaft, Mai 2018, 51–55
Max Planck Forschung 2.2018: Ursprung des Lebens, ISSN 1616-4172
Mays, C., et al., 2021: Lethal microbial blooms delayed freshwater ecosystem recovery following the end-Permian extinction. Nature Communications 12.
Neubauer, T.A. et al., 2021: Current extinction rate in European freshwater gastropods greatly exceeds that of the late Cretaceous mass extinction. Communications Earth & Environment 2.
Parker, D.: The Great Pacific Garbage Patch. NOAA's Marine Debris Program, Making Waves, Episode 126. https://oceanservice.noaa.gov/podcast/june14/mw126-garbagepatch.html
Paul, F., Rastner, P., Azzoni, R.S., Diolaiuti, G., Fugazza, D., Le Bris, R., Nemec, J., Rabatel, A., Ramusovic, M., Schwaizer, G., and Smiraglia, C. ,2020: Glacier shrinkage in the Alps continues unabated as revealed by a new glacier inventory from Sentinel-2. Earth Systems Science Data, 12(3), 1805–1821, doi:/10.5194/essd-12-1805-2020
Praetorius, S.K, 2018: Zirkulation im Nordatlantik schwächelt. Spektrum der Wissenschaft, August 2018, 32–34
Prothero, D.R., 2018: Zirkone – Zeugen der frühen Erdgeschichte. Spektrum der Wissenschaft, September 2018, 56–60
Rädecker, N., Pogoreutz, C., Gegner, H.M., Cárdenas, A, , Roth, F., Bougoure, J., Guagliardo, P., Wild, Mathieu Pernice, P., Raina, J.B, Meibom, A., Voolstra, C.R., 2021: Heat stress destabilizes symbiotic nutrient cycling in corals. Proceedings of the National Academy of Sciences Feb 2021, 118 (5) e2022653118; DOI: 10.1073/pnas.2022653118
Rahmstorf, S., etal., 2015: Exceptional Twentieth-century Slowdown in Atlantic Ocean Overturning Circulation. Nature Climate Change, 5, p 475–480
Ritchie, H., Rosado, P. and Roser, M., 2023: CO_2 and Greenhouse Gas Emissions. Published online at OurWorldInData.org. Retrieved from: ›https://ourworldindata.org/co2-and-greenhouse-gas-emissions‹ [Online Resource]
Rosing, M.T., Bird, D.K., Sleep, N.H., Glassley, W., Albarede, F., 2006: The rise of continents—An essay on the geologic consequences of photosynthesis. Palaeogeography, Palaeoclimatology, Palaeoecology 232, 99–113, doi:10.1016/j.palaeo.2006.01.007

Settele, J., 2021: Der Schutz biologischer Vielfalt – Ein Manifest. Spektrum der Wissenschaft, Oktober 2021, 30–35
Smith, F.A. et al., 2018: Body size downgrading of mammals over the late Quartonary. Science 360
Tanimoto T, Lay T, 2000: Mantle dynamics and seismic tomography. Proc Natl Acad Sci U S A, Nov 7;97(23):12409-10. doi:10.1073/pnas.210382197. PMID: 11035784; PMCID: PMC34063.
Tashiro, T., Ishida, A., Hori, M. et al., 2017: Early trace of life from 3.95 Ga sedimentary rocks in Labrador, Canada. Nature 549, 516–518, https://doi.org/10.1038/nature24019
Taylor, S.R., McLennan, S.M., 1995: The Geochemical Evolution of the Continental Crust. Rev. Geophys., 33, 2, p241
Taylor, S.R., McLennan, S.M., 2003: Ursprung und Entwicklung der kontinentalen Kruste. Spektrum der Wissenschaft, Dossier 6/03: Die Unruhige Erde.
Valley, J.W., 2002: A cool early earth. Geology, Vol 30, p351
Valley, J.W., 2006: Urderde, Sauna oder Gluthölle? Spektrum der Wissenschaft, Mai 2006, 70–81
Von Blanckenburg, F., Bouchez, J., 2014: River fluxes to the sea from the oceans's Be-10/Be-9 ration. Earth and Planetary Science Letters, 387
Von Blanckenburg, F., 2020: Der Thermostat der Erde. Spektrum der Wissenschaft, März 2020, 48–57
Wilde, S.A., et al., 2001: Evidence from Detrietal Zircons for the Existence of Continental Crust and Oceans on the Earth 4.4 Gyr ago. Nature 409, 175–178

WEBSEITEN

www.atmosfair.de	CO_2-Belastung durch Fliegen
www.cbd.int/gbf	Global Biodiversity Framework
www.cdp.net	Carbon Disclosure Project
www.christianklepp.com	Webseite des Autors
www.darksitefinder.com	Lichtverschmutzung der Erde
www.footprintnetwork.org	Erdüberlastung
www.gletscherarchiv.de	Gletscherschwund
www.gletschervergleiche.ch	Gletscherschwund
www.ipcc.ch	Weltklimarat
www.iucnredlist.org	Rote Liste der bedrohten Arten
www.ourworldindata.org	Unsere Welt in Daten
www.scotese.com	Plattentektonische Rekonstruktionen
www.theoceancleanup.com	Ozeansäuberungsprojekt
www.unccd.int	Global Land Outlook 2 Report
www.spenden.warnsignal-klima.de	Warnsignal Klima Buchreihe
www.wri.org	World Ressources Institute

Dr. Christian Klepp studierte Meteorologie und Geologie an der Universität Hamburg und promovierte im Fachbereich Geowissenschaften. Er arbeitete an der Universität Hamburg, unter anderem als Dozent, sowie am Max-Planck-Institut für Meteorologie in Hamburg. Während seiner Arbeit in der internationalen Klima- und Erdsystemforschung beschäftigte sich Klepp intensiv mit Fragen, wie die Erde als Ganzes funktioniert und wie sie sich im ständigen Wandel verändert. Seit 30 Jahren fotografiert er zudem unberührte Landschaften auf allen Kontinenten. Christian Klepp hat es sich zur Lebensaufgabe gemacht, den Menschen die Schönheit und Einmaligkeit der Erde wieder nahe zu bringen und auf unsere Verantwortung im Umgang mit ihr aufmerksam zu machen. Christian Klepps preisgekrönte Fotografien sind in internationalen Ausstellungen zu sehen und Teil seiner Vorträge. 2022 veröffentlichte er den SPIEGEL-Bestseller »Wunderwerk Erde – Wie unser Planet funktioniert«.